图说柑橘避雨避寒
栽培技术

编著者

区善汉　　肖远辉

梅正敏　　麦适秋

金盾出版社

内 容 提 要

本书由广西特色作物研究院(原广西柑橘研究所)、国家现代农业柑橘产业技术体系广西创新团队栽培功能岗位专家区善汉研究员等编著。书中针对部分柑橘品种越冬果实或果实成熟期间经常因低温霜冻、冰冻或降雨导致裂果、烂果、落果的难题,从减少或避免裂果、烂果和落果的角度出发,全面介绍了柑橘避雨避寒栽培这一新技术。内容包括:柑橘避雨避寒栽培概况、适宜避雨避寒栽培的柑橘品种、建园与种植、幼树管理、结果树管理、避雨避寒栽培技术、病虫害防治。该书内容丰富,图文并茂,语言通俗易懂,技术新颖,实用性和可操作性强,适合广大柑橘产业技术人员、种植者、农业院校园林专业师生等阅读参考。

图书在版编目(CIP)数据

图说柑橘避雨避寒栽培技术/区善汉,肖远辉,梅正敏等编著.—北京:金盾出版社,2015.1
ISBN 978-7-5082-9658-6

Ⅰ.①图… Ⅱ.①区…②肖…③梅… Ⅲ.①柑橘类果树—果树园艺—图解 Ⅳ.①S666-64

中国版本图书馆 CIP 数据核字(2014)第 201580 号

金盾出版社出版、总发行
北京太平路 5 号(地铁万寿路站往南)
邮政编码:100036 电话:68214039 83219215
传真:68276683 网址:www.jdcbs.cn
北京盛世双龙印刷有限公司印刷、装订
各地新华书店经销
开本:850×1168 1/32 印张:5 字数:60 千字
2015 年 1 月第 1 版第 1 次印刷
印数:1~3 000 册 定价:25.00 元

　　柑橘是世界第一大水果，2011年的产量已列各种水果的第一位，柑橘也是我国的第一大水果，2011年全国柑橘面积和产量分别达到了229万公顷和2944万吨，成为柑橘产区广大农村的支柱产业之一。

　　柑橘原产于我国，我国柑橘资源丰富，优良品种繁多，已有4000多年的栽培历史。主产地有湖南、湖北、四川、重庆、江西、广东、广西、福建、浙江、贵州、云南等省（自治区、直辖市），主栽品种的成熟期主要在8～12月份，其中绝大多数的采收期集中在9～12月份，上市期过于集中，给果品的销售带来了极大的压力。为了减轻销售压力，多数品种只能通过采收后在常温或低温条件下贮藏保鲜来错开上市时间。造成这种状况的原因除了品种本身的特性外，果实留树越冬容易遭受低温霜冻、冰冻、降雨和大风的影响，导致裂果、烂果、落果或枯水，最终减产甚至失收也是重要的因素。近十多年以来，随着品种结构的调整，中晚熟品种如沙糖橘、金柑、春甜橘、茂谷柑、W·默科特、晚熟脐橙、夏橙等愈来愈受到种植户的青睐，其中沙糖橘、金柑的发展尤其迅速。2013年，广东、广西的沙糖橘面积分别达到10万公顷、6.67

万公顷左右，广西金柑面积和产量约 1.28 万公顷和 20.3 万吨，春甜橘、茂谷柑、W·默科特的面积也在逐年增长。品种的单一，面积与产量的大幅度增加，在带来规模效益的同时，在冬季降雨较多或低温霜冻频繁出现的产区，果实往往会因大风、降雨、霜冻、冰冻的影响而出现果皮皱缩、褐变、枯水或裂果、烂果、落果等现象，在一定程度上影响了果实的商品价值，同时，由于道路结冰、鲜果消费量下降等原因，造成鲜果外运、销售不畅，价格大幅度下降，甚至出现果难卖的状况。

柑橘避雨避寒栽培技术很好地解决了上述问题，在果实成熟期间利用塑料薄膜覆盖树冠避免大风、降雨、霜冻、冰冻直接接触果实，减少甚至避免了不良天气造成的裂果、烂果、落果损失，起到了显著的保果、保质、延长采收上市期，缓解销售压力，提高经济效益的作用，可以说一张薄膜解决了柑橘产业发展的大问题。

为了更好地推广柑橘避雨避寒栽培技术，我们在多年从事柑橘科研与生产实践的基础上，编写了《图说柑橘避雨避寒栽培技术》一书，希望能给广大读者带来启发并产生实际的指导作用。在编写过程中，参考了部分同行的文献，在此，表示衷心的感谢！

由于作者水平有限，书中错误和不足在所难免，恳请广大读者不吝批评指正，以便在今后修订时改正。

编著者

ONTENTS

目　录

1

第一章　概　述

　　在冬季常出现大风、低温霜冻、降雨、冰冻的柑橘产区，部分柑橘品种的果实常因低温霜冻、降雨、冰冻的影响而出现裂果、烂果、落果，或果皮冻伤褐变、枯水、不堪入口的现象，导致减产、失收，果实品质下降，商品价值严重贬损等后果。为避免此类现象的出现，果树技术人员、果农在长期的生产实践过程中，发明了在果实成熟期间、异常天气出现前，利用农用塑料薄膜覆盖树冠，避免大风、降雨、霜冻、冰冻直接接触果实，从而避免裂果、烂果、落果或果皮冻伤褐变、枯水等现象，这种栽培方式称之为柑橘避雨避寒栽培。

一、避雨避寒栽培的目的

　　在柑橘栽培品种中，金柑、滑皮金柑、沙糖橘、春甜橘、明柳甜橘、茂谷柑、W·默科特、晚熟脐橙、夏橙等品种最容易受到低温不良天气影响而出现裂果、烂果、落果，或果皮冻伤褐变、枯水。其中，金柑果实成熟期间若遇几次较大的降雨或低温霜冻、冰冻，则会造成果实开裂、烂果、落果，轻者烂果率达10% ~ 20%，重者可高达70% ~ 90%甚至全部落光，造成颗粒无收的惨状（图1-1，图1-2）；沙糖橘果实若在11月或12月中旬前成熟，且在此期间采收，其果实基本上不会因不良天气造成伤害，但若在12月下旬以后成熟，则会因寒露风、霜冻、冰冻、降雨造成果皮褐变、枯水、变形（图1-3）；春甜橘、明柳甜橘通常在2 ~ 3月份成熟上市，但若在12月至翌年1月份受到霜冻、冰冻、冻雨特别是霜冻的影响，也会出现果皮变软、褐变、枯水、品质下降、果实外观正常却无人问津的严重后果（图1-4至图1-6）；在严重霜冻出现的冬季，越冬品种茂谷柑、W·默科特、晚熟脐橙、夏橙也会不同程度地出现落果，造成损失。

图1-1　降雨造成金柑裂果

图1-2　金柑果实因降雨、霜冻落果

图1-3　寒露风致沙糖橘果皮皱缩、褐变

图1-4 寒露风致春甜橘
果实失水干缩

图1-5 低温霜冻致春甜橘
果实外观正常但果肉枯水

图1-6 霜冻导致春甜橘果
实枯水（图右，左为正常果）

　　综上所述，柑橘中的金柑、滑皮金柑、沙糖橘、春甜橘、明柳甜橘在果实成熟的冬季，容易因降雨或低温霜冻、冰冻等天气的影响，导致果实产量受损或失收、品质严重下降。

　　所以，传统上金柑必须在 11 ～ 12 月份采收，由此而带来的后果是果实品质未能充分体现、大量果品集中上市，销售价格低至 1 ～ 3 元／千克，严重年份甚至出现果难卖、卖不掉的现象。

而避雨避寒栽培技术的出现，彻底解决了这些问题，不但果实不会受到伤害，而且可留树保鲜至翌年的 2 ～ 3 月份（图 1-7，图 1-8），这样，产量有了保证，采收期由传统栽培的 11 ～ 12 月份延长至 11 月至翌年 3 月份，延长了 3 个月左右，采收期的显著拉长避免了果品的集中上市，果品价格显著提高，由原来传统栽培的 1 ～ 3 元／千克提高到避雨避寒栽培的 5 ～ 12 元／千克，经济效益显著提高。

图 1-7 避雨避寒栽培的金柑果实留树至 3 月份完好无损

图 1-8 传统栽培金柑果实留树至 3 月份基本失收

同样，沙糖橘只能在 12 月至翌年的 1 月份期间采收完毕，此期上市，由于量大集中，沙糖橘的销售价格通常在 3 ～ 5 元／千克，如遇到像 2012 年冬春长期低温阴雨无光照的天气，则价格还要更低，甚至也出现后期因果实过熟而无人问津的局面。采用避雨避寒栽培，不但果实完好无损，而且采收期可从 12 月至翌年 1 月份延长至 12 月至翌年 3 月份，销售价格也从 3 ～ 5 元／千克提高至 5 ～ 12 元／千克，经济效益明显提高。

春甜橘、明柳甜橘也如此，在果实成熟期间的 12 月至翌年 3

月份，遇到低温霜冻、冰冻就会出现枯水、干渣现象，果实品质下降，严重时不堪食用。而通过避雨避寒栽培则可完全避免此类现象的发生，保持果实品质，保证销售顺畅，最终确保经济效益（图1-9）。

图1-9　避雨避寒栽培的甜橘果实留至3月份

总之，避雨避寒栽培的目的就是通过树冠覆盖薄膜，避免冬季寒露风、低温霜冻、冰冻、降雨直接接触果实，造成果实的开裂、腐烂、脱落、枯水或干渣，达到保果保产保质，延长果实留树保鲜时间，改善果实品质，拉长采收上市供应期，避免集中采摘上市，提高经济效益。

二、避雨避寒栽培的效果

（一）保护果实

2010年12月7日广西桂林市出现第一次霜，12月16～17日全市出现冰冻，12月23～25日出现了大范围的寒潮天气过程，日均温度小于7℃，48小时内平均温度降幅超过8℃，26～27日出现了冰（霜）冻。特别是16～17日出现的冰冻，对不盖膜的金柑造成了严重的影响，3～4天后大量果实开裂，随后腐烂掉落，损失惨重。经在灾后7天的实地调查，此次霜冻造成的裂果率高达52.7%～57.4%，平均达到55.3%（表1-1），而提前采取了树冠盖膜措施的果园则没有裂果。

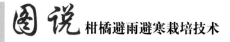
表1-1　霜冻造成金柑裂果情况（2010年12月23日）

株号	树龄（年）	冠幅（米）	裂果数（个）	好果数（个）	总果数（个）	裂果率（%）
1	8	2.2×2.3	689	512	1201	57.4
2	8	2.0×2.1	621	536	1157	53.7
3	5	1.4×1.5	116	104	220	52.7
合　　计			1426	1152	2578	
平　　均			475.3	384	859.3	55.3

　　2012年10～11月份，桂林市出现了多年未见的异常降雨天气，由于降雨时间早、次数多、持续时间长，因此，金柑产区的很多果园来不及给金柑树盖膜，导致前期出现了一定程度的烂果和落果。据调查，红壤土、不盖膜且正常成熟果园的裂果率达到7.09%～35.46%（表1-2），催熟果园的裂果率高达50%以上。

表1-2　2012年10～11月异常降雨导致金柑裂果情况

株号	好果数量（个）	烂果数量（个）	总果数（个）	烂果率（%）
1	130	18	148	12.16
2	237	27	264	10.23
3	93	23	116	19.83
4	118	9	127	7.09
5	403	45	448	10.04
6	493	93	586	15.87
7	66	15	81	18.52
8	91	50	141	35.46
9	131	23	154	14.94
10	79	23	102	22.55
合计	1841	326	2167	15.04

（二）保持产量

根据实地采果测定的结果，2009-2010 年，在广西桂林市阳朔县白沙镇实施的国家星火计划项目"金柑避雨避寒高效栽培技术示范推广"的示范果园，9 ~ 10 年生的盖膜金柑实生树的每 667 米^{2}产量为 2 791.28 ~ 2 800.00 千克，2 年平均为 2 795.64 千克；而不盖膜的对照果园的产量只有 0 ~ 206.08 千克，平均 103.04 千克，树冠盖膜比不盖膜增产 2 713.16%；8 ~ 9 年生的枳壳砧盖膜金柑树的每 667 米^{2}产量为 2 543.95 ~ 3 428.04 千克，2 年平均为 2 986.00 千克；而不盖膜的对照果园的每 667 米^{2}产量只有 186.75 ~ 305.76 千克，平均 246.26 千克，树冠盖膜比不盖膜增产 1 212.54%（表 1-3）。

表 1-3　2009-2010 年金柑避雨避寒栽培果园产量对比

处理类型	果园地址	树龄（年）	砧木	平均每 667 米^{2}产量（千克）		
				2009	2010	平均
树冠盖膜	白沙镇古板村	9 ~ 10	实生	2791.28	2800.00	2795.64
	白沙镇古板村	8 ~ 9	枳壳	3428.04	2543.95	2986.00
树冠不盖膜	白沙镇古板村	9 ~ 10	实生	0	206.08	103.04
	白沙镇古板村	8 ~ 9	枳壳	305.76	186.75	246.26

（三）保持或改善果实品质

1. 金柑果实品质的变化　金柑果实留树至翌年 3 月份采收时，树冠盖膜与不盖膜果实品质均存在差异，其中可滴定酸、维生素 C 和总糖的含量的差异无规律性，但可溶性固形物（TSS）含量均是树冠盖膜的高于不盖膜的，这可能与树冠不盖膜果园树盘土壤含水量较高有关。从果实风味来看，处理与对照果实均甜酸适中或可口、化渣，有麻味（金柑特有的呛味），总体果实品质较

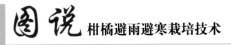

好且差异不大（表1-4）。由此可见，金柑避雨避寒栽培延长其留树保鲜期至翌年3月份时，果实品质仍然得以保持，没有出现明显下降，更无劣变现象。

表1-4 传统栽培与避雨避寒栽培金柑果实品质的比较

果园	处理	采样日期	单果重（克）	可滴定酸含量（%）	维生素C（%）	总糖（%）	可溶性固形物含量（%）	风味
赖玉梅果园	树冠盖膜	2010.3.9	16.7	0.36	40.86	12.26	16.8	酸甜适中、化渣、有麻味
		2011.3.21	19.14	0.89	22.21	11.44	16.0	味浓甜酸可口
	树冠不盖膜	2010.3.9	12.6	0.67	39.43	11.12	16.0	化渣
		2011.3.21	15.55	0.83	30.09	10.87	14.0	酸甜适中、肉质较脆
赵土养果园	树冠盖膜	2010.3.9	17.25	0.56	33.87	12.35	17.6	甜酸适中、化渣、有麻味
	树冠不盖膜	2010.3.9	14.45	0.51	33.87	12.33	16.4	甜酸适中、化渣、有麻味
雷六三果园	树冠盖膜	2010.3.9	13.5	1.12	45.32	13.1	18.4	酸甜适中、味浓、化渣、有麻味
	树冠不盖膜	2010.3.9	17.05	0.38	40.86	13.45	18.2	甜酸可口、化渣、有麻味

2. 沙糖橘果实品质的变化 2013年1～3月份，笔者在广西桂林市阳朔县福利镇旱田种植的7年生枳壳砧沙糖橘上进行了树冠盖膜（A）与不盖膜（CK）对果实品质影响的试验，结果如下：

（1）盖膜期间果皮色泽与果实风味的变化 表1-5结果表明，

沙糖橘树冠盖膜处理的果皮色泽在整个盖膜期间均为橘红色；而没有盖膜的果皮前期为橘红色，从 2013 年 2 月 17 日开始转为橘黄色，色泽暗淡。同时，盖膜处理的果实较对照的果实风味浓，但盖膜处理果实从 2013 年 2 月 7 日开始出现浮皮，而对照果实没有出现浮皮现象，这可能与盖膜后树冠温度升高、通风条件较差，导致果实呼吸强度增强，从而使果实成熟加快有关，具体原因还有待研究。

表 1-5　盖膜期间果皮色泽变化

处理	采样时间（月-日）							
	1-7	1-16	1-28	2-7	2-17	2-26	3-6	3-15
A	橘红	橘红	橘红	橘红	橘红	橘红	橘红	橘红
CK	橘红	橘红	橘红	橘红	橘黄	橘黄	橘黄	橘黄

表 1-6　盖膜期间果实风味的变化

处理	采样时间							
	1-7	1-16	1-28	2-7	2-17	2-26	3-6	3-15
A	甜酸可口	甜酸可口	甜酸可口	甜酸可口，浮皮	甜酸可口，浮皮	甜酸可口，浮皮	甜酸可口，浮皮	甜酸可口，浮皮
CK	味稍淡，甜酸可口	味稍淡，甜酸可口	味稍淡，甜酸可口	味稍淡，甜酸可口	味稍淡，甜酸可口	味淡	味淡	味淡

（2）盖膜期间果实总糖含量的变化　从图 1-10 可看出，在整个盖膜期间，盖膜处理的果实总糖含量均高于对照，而且果实总糖含量变化较平稳，从 1 月 17 日的 8.35% 到 3 月 15 日的 9.88%，总体呈上升趋势；而不盖膜的对照果实的总糖含量变化较大，从 1 月 17 日的 7.30% 到 3 月 15 日的 6.44%，总体呈下降趋势。

（3）盖膜期间果实酸含量的变化　图 1-11 表明，盖膜处理果实的酸含量在开始的 20 天内呈上升趋势，1 月 28 日出现最高值 0.31%，此后的 10 天内迅速下降至低于对照的水平，2 月 7 日出现最低值，此后的 20 天内上升高于对照，之后又下降至 3 月 15 日的 0.19%；对照果实的酸含量呈现明显的下降趋势，1 月 7 日出现最高值为 0.26%，3 月 15 日出现最低值为 0.08%。盖膜处理果实的酸含量在大多数时间内高于对照。

图 1-10　不同处理沙糖橘果实总糖含量变化

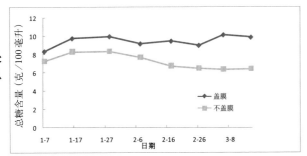

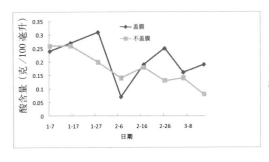

图 1-11　不同处理沙糖橘果实酸含量变化

（4）盖膜期间果实可溶性固形物含量的变化　从图 1-12 可看出，盖膜处理果实的可溶性固形物含量从 1 月 17 日的 12.33% 提高到 3 月 15 日的 13.40%，提高了 1.07%，总体呈上升趋势；而对照从 1 月 17 日的 10.70% 下降至 3 月 15 日的 9.90%，下降了 0.80%，总体呈下降趋势。整个盖膜期间，盖膜处理果实的可溶性固形物含量最高为 13.9%，最低为 11.8%；而对照最高为 10.8%，最低为 9.4%。这种差异可能与盖膜后土壤含水量较低，而不盖膜的土壤含水量较高有关。

显然，树冠盖膜后沙糖橘果皮色泽一直保持橘红色，而不盖膜的果皮色泽由前期的橘红色转为后期的橘黄色，且色泽暗淡；

树冠盖膜后沙糖橘果实较不盖膜的总糖和可溶性固形物含量高，而且盖膜后总糖和可溶性固形物的含量均呈上升趋势，不盖膜的对照果实的总糖和可溶性固形物的含量则呈下降趋势，这种差异可能与盖膜后，土壤含水量较低，而不盖膜的土壤含水量较高有关。

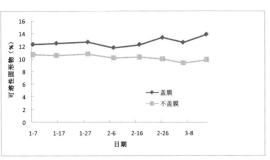

图1-12 不同处理沙糖橘果实可溶性固形物含量变化

综上所述，在广西桂林市阳朔县的气候条件下，在沙糖橘果实成熟期间采用树冠盖膜的避雨避寒栽培技术后，果实甜酸可口、风味浓、口感好，可将果实留树贮藏至2月上旬；而不盖膜的对照果实风味一直较淡，从2月上旬开始果皮颜色由橘红转为橘黄，比树冠盖膜树的果实差。

需要注意的是，树冠盖膜虽然可使沙糖橘果实在一定时间内较不盖膜的果皮色泽好，果实总糖和可溶性固形物含量较高且呈上升趋势，口感好，风味浓。但由于盖膜后沙糖橘果实易浮皮，因此，在桂林地区沙糖橘树冠盖膜后其果实的最迟采收时期为2月上旬，过迟采收虽然果实品质仍然较好，但果皮已开始出现浮皮现象，对采后运输及贮藏不利。

（四）延长果实留树保鲜时间

避雨避寒栽培可使金柑果实留树保鲜时间从传统栽培的11～12月份延长至11月至翌年3月份，沙糖橘从12月至翌年1月份延长至12月至翌年3月份。

（五）提高鲜果销售价格

采用避雨避寒栽培技术后，金柑避免了传统栽培时必须在11～12月份采收的无奈，果实得以留树保鲜，采收期显著延长，因此果实品质得到改善，避免了集中上市，所以，销售价格显著提高。根据近几年来在广西的调查结果可知，树冠不盖膜果实的价格为3～5元／千克，而树冠盖膜即避雨避寒栽培的高达5～12元／千克；沙糖橘、春甜橘也有不同程度的提高。显然，由于避雨避寒栽培显著延长了果实采收时间，避免了集中上市，像沙糖橘甚至可以在其他产区的大部分果实销售完毕后再上市，所以价格效果的提高非常显著（表1-7）。

表1-7　传统栽培与避雨避寒栽培柑橘鲜果价格对比

品　种	年　份	传统栽培（元／千克）	避雨避寒栽培（元／千克）
金　柑	2009	4.0～5.0	8.0～10.0
	2010	4.0～5.0	7.0～10.0
	2011	3.0～5.0	5.0～8.0
	2012	3.5～7.0	6.0～12.0
沙糖橘	2009	4.0～5.0	7.0～8.0
	2010	4.0～5.0	8.0～10.0
	2011	2.0～3.0	4.0～5.0
	2012	4.0～5.0	6.5～10.4
	2013	4.5～5.5	7.0～12.0
春甜橘	2009	2.0～4.0	5.0～7.0
	2010	5.0～6.0	7.0～8.0
	2011	4.0～5.0	6.0～7.0
	2012	4.0～5.0	5.0～7.0

（六）提高经济效益

虽然避雨避寒栽培增加了相应的投资，但由于保证了果实不受伤害，果实品质得到改善，而且延长了果实采收上市期，销售价格也显著提高，因此，扣除所增加的投资后，产值和利润均明显提高。下面以金柑避雨避寒栽培为例说明。

1. **避雨避寒栽培增加的投资** 根据调查结果，金柑避雨避寒栽培的第一年投资主要增加了搭建大棚所需要的竹片、竹桩、竹竿、薄膜、尼龙绳和搭棚人工，共计1 038元（表1-8）。翌年2～3月份采果后，只将尼龙绳解掉，拆下薄膜卷起供当年12月份盖膜时第二次用，而搭好的棚架不拆，留在果园待第二次使用，所以金柑避雨避寒栽培增加的投资主要在第一年，第二年只增加了尼龙绳、拆膜和盖膜人工费共56.4元（表1-8），2年合计增加投资1 094.4元。棚架和大棚膜一般只能使用2次，从第三年开始要用新的棚架和大棚膜。沙糖橘、春甜橘、明柳甜橘避雨避寒栽培增加的投资与金柑相差不大，如果是采用直接盖膜的话，投资还要更少。

表1-8 金柑避雨避寒栽培第一年每667米^{2}增加的投资

序号	项目	规格	数量	单价（元）	小计（元）
1	竹片	长5米	68条	1.2	81.6
2	竹桩	高1.2米	136米	0.7	95.2
3	竹竿	长7～8米	20条	4.0	80.0
4	薄膜	5×140米	50千克	13.0	650.0
5	尼龙绳				8.8
6	搭棚人工费	68株/每667米^2	68株	1.8	122.4
			合 计		1038.0

2. **避雨避寒栽培增加的产值与经济效益** 传统栽培的金柑由于树冠不盖膜，到了12月份果实开始成熟时必须及时集中采收上市，以免因降雨、冰冻造成裂果落果。但因此时采收的果实未完全成熟，果皮颜色、外观不均匀（图1-13，图1-14），风味不够浓甜，所以价格低，2年平均只有2.7元/千克，每667

米²产值只有6 612.3元；而避雨避寒栽培的金柑，由于树冠盖膜后避免了果实成熟期间因降雨、冰冻造成的裂果落果现象，因此果实采收期可以延长至翌年的1～3月份，故果实可充分成熟，果皮橙黄或金黄色，着色均匀，风味浓甜，可以分期分批采收上市，所以2年平均价格高达7.25元／千克，比传统栽培的高168.52%，在产量同等的条件下，每667米²产值达到18 085.85元，比树冠不盖膜的增加11 473.55元，增幅达到173.52%（表1-9）。

图1-13 避雨避寒栽培至1月份时的金柑果实着色均匀，已充分成熟

图1-14 传统栽培至12月份时的金柑果实着色不匀

表1-9 金柑避雨避寒栽培与对照果园的产值对比

项 目	年 份	株产量（千克／株）	产量（千克／667米²）	采收期	销售价格（元／千克）	产值（元／667米²）
树冠不盖膜	2009	35.0	2905.0	11～12月	2.4	6972.0
	2010	30.65	2084.2	11～12月	3.0	6252.6
	平 均	32.83	2494.6		2.7	6612.3
树冠盖膜	2009	35.0	2905.0	1～3月	6.5	18882.5
	2010	30.65	2084.2	1～3月	8.0	16673.6
	平 均	32.83	2494.6		7.25	18085.85
树冠盖膜比不盖膜增加					4.55	11473.55

综上所述，金柑避雨避寒栽培增加的大棚架和薄膜可以连续使用2年，2年因此增加的总投资为1 094.4元／667米²，平均每年547.2元／667米²或0.22元／千克(547.2元／667米²÷2494.6千克／667米²=0.22元／千克)，扣除盖膜增加的成本后，每667米²可增加收入：每667米²增加的产值－每667米²增加的成本＝11473.55元／667米²－547.2元／667米²=10926.35元／667米²。

相对而言，沙糖橘、春甜橘、明柳甜橘、W·默科特、晚熟脐橙、夏橙果实成熟期间，气温已较低，常采用直接盖膜方式盖膜，省去了搭架用的竹片、竹桩、竹竿等材料及搭架、拆架人工费用，因此，这些品种采用避雨避寒栽培所增加的成本要比金柑的低，其投入产出比更明显。

三、避雨避寒栽培的现状

（一）应用区域

近年来，柑橘避雨避寒栽培技术的应用越来越受到广大果农的欢迎和重视，其应用范围迅速扩大，从 20 世纪 90 年代最初在广西阳朔县的少量金柑园采用后，到 21 世纪初迅速普及，至 2007 年阳朔县几乎所有金柑果园都已应用（图 1-15），期间广西融安县的金柑园和灵川县的滑皮金柑园也逐步开始采用这项技术。至今，广西、湖南、江西、广东、福建、重庆等省（自治区、直辖市）均已有该项技术的应用，其中应用得最广泛的是广西，广西桂林市阳朔县、荔浦县、永福县、临桂县、灵川县的金柑、沙糖橘、滑皮金柑和春甜橘，柳州市融安县、融水县的金柑，梧州市苍梧县、岑溪县、蒙山县、藤县，以及来宾市金秀县的沙糖橘均不同程度应用了柑橘避雨避寒栽培技术，而且应用范围越来越广。

图 1-15　广西阳朔县金柑避雨避寒栽培一角

（二）应用品种与面积

目前，在广西，金柑与滑皮金柑避雨避寒栽培面积接近 1.3 万公顷，沙糖橘、春甜橘避雨避寒栽培面积估计在 2 万公顷左右，明柳甜橘种植面积少，目前基本还未见有规模种植果园。江西、湖南、广东和福建等省，也逐步开始在金柑及沙糖橘上采用；重庆市已在 W·默科特、青见等品种上应用。

（三）存在问题

1. 除棚架式盖膜外，其他盖膜架式在盖膜后一旦发生红蜘蛛等病虫害需要喷药时，操作不方便。

2. 金柑、滑皮金柑、沙糖橘延期采收对翌年的开花结果的影响如何，目前尚缺乏研究。

3. 开始盖膜的时间较难确定，特别是金柑盖膜的时间，盖得过早容易因高温灼伤树冠顶部的枝叶和果实（图1-16），盖得太迟又容易因降雨或霜冻提前到来造成裂果和落果（图1-17）。

图1-16 11月份盖膜致果实和枝叶灼伤

图1-17 12月下旬未盖膜树因霜冻严重落果

4. 在冬季气温较高（一般超过28℃时）的产区或年份，直接盖膜容易因高温、日照灼伤树冠顶部的部分果实和枝叶。同时，沙糖橘果实容易出现过熟而浮皮、影响果实品质的现象，因此，树上保鲜时间不能过长。

5. 在冬季霜冻、严寒或冰冻严重的果园，直接盖膜往往会导致树冠顶部果实出现不同程度的冻伤。

（四）展　望

柑橘避雨避寒栽培技术的应用，既解决了金柑、滑皮金柑、沙糖橘、春甜橘、明柳甜橘等品种果实成熟期间因大风、低温霜冻、冰冻等不良天气导致的裂果、烂果、掉果、枯水、果皮褐变变形等问题，避免了采前落果、果实品质下降，又显著延长了果实采收上市期，从而拉长了鲜果供应期，减缓了销售压力，提高了售价和经济效益，是一项一举多得的成熟而先进的实用技术，因此，在柑橘栽培中必将愈来愈受到重视，其应用前景非常广阔。在容易发生霜冻的产区，只要是果实越冬的品种，如金柑、沙糖橘、春甜橘、茂谷柑、W·默科特、晚熟脐橙、夏橙等都可以考虑采用避雨避寒栽培技术。

四、适宜避雨避寒栽培的条件

（一）品　种

目前，适用于避雨避寒栽培的品种主要有金柑、滑皮金柑、沙糖橘、春甜橘、明柳甜橘、茂谷柑、W·默科特、晚熟脐橙、夏橙类品种等。

（二）气候条件

一般而言，在冬季容易发生大风、低温霜冻、冰冻、冻雨天气的产区，都可考虑采用避雨避寒栽培技术。但是，最适宜的还是冬季比较寒冷、霜冻和降雨较多的地区，如广西、湖南、浙江、湖北、贵州、重庆、四川、江西、广东北部山区。

冬季较暖和的产区如广东南部、桂南、桂中等地，由于年有效积温较高，果实成熟较早，且不利天气出现的概率较低。因此，在价格较高的情况下，像沙糖橘可以及时采收，不需盖膜。但是，如果当年丰产，价格不理想，则可考虑部分采用避雨避寒栽培，延长采收期。对迟熟的春甜橘、明柳甜橘而言，由于果实越冬，所以还是要在冬季密切关注气象部门的天气预报，若预期会发生低温霜冻天气，则要考虑避雨避寒栽培。对金柑、滑皮金柑而言，只要在其成熟期间有可能出现中大雨等降雨过程，就算没有霜冻、冰冻天气出现，也必须采用避雨避寒栽培，因为金柑裂果的主要原因是降雨、霜冻和冰冻。

（三）栽培目的

如果是为了延长果实采收上市时间，确保果实充分或完全成熟，提高果实品质、销售价格和经济效益，就应采用避雨避寒栽培。但是，如果果实在12月份前成熟且价格较高，不考虑延期采收和后期价格提高等因素，则无需考虑避雨避寒栽培，果实及时采收上市即可。

第二章　适宜避雨避寒栽培的柑橘品种

目前，适宜避雨避寒栽培的柑橘品种主要有金弹、滑皮金柑、沙糖橘、春甜橘（春甜橘）、明柳甜橘、W·默科特及茂谷柑。

一、金　弹

【来源与分布】　该品种（图2-1，图2-2）又名金柑、长安金橘、融安金橘、尤溪金柑、遂川金柑、上坪金柑等。广西、广东、福建、浙江、江西、湖南的金柑产区均有栽培。

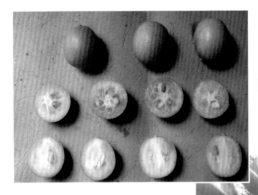

图2-1　金柑果实

图2-2　金柑结果状

【主要性状】　树冠圆头形，枝梢粗壮、稀疏；果实倒卵形或圆球形，单果重 11 ~ 28 克，果色橙黄或橙色，光滑，具光泽，果皮较厚；果肉质脆、味甜、品质佳；主采期 11 月中旬至 12 月上旬，通过薄膜覆盖避雨避寒栽培，采收期可延长至翌年 4 月，种子每果 4 ~ 9 粒。金弹丰产稳产，品质好，是目前市面销售最多的鲜食金柑品种。该品种适应性强，抗寒且耐溃疡病。

二、滑皮金柑

【来源与分布】　该品种（图 2-3，图 2-4）系广西金弹实生变异而来，1980 年在广西融安县雅瑶乡选出，母树为 45 年实生树。主要分布在广西融安、灵川、柳州市郊区，湖南、江西、浙江、广东有引种。

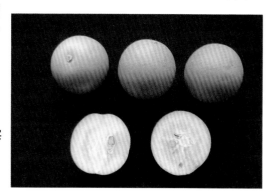

图 2-3　滑皮金柑果实

图 2-4　滑皮金柑结果状

【主要性状】 果椭圆形或近球形，纵径2.6～3.1厘米，横径2.3～2.9厘米，单果重10.3～17.3克，个别大果可达23.6克；果面光滑细腻，蜡质层厚，有光泽，油胞点密，平生；皮厚0.4厘米；囊瓣5瓣左右，味甘香浓甜；每100毫升果汁中含糖16.07克，酸0.14克，糖酸比114.8:1；种子少，平均每果1.1粒。采收期11月至12月上旬。

树势生长中庸，20年生实生树高3.2米，冠幅2.0米×2.5米，干周40厘米；枝条具短刺。叶菱状椭圆形，质厚，微向内卷呈船形，长6.3～6.5厘米，宽2.9～3.1厘米；主脉凸起，侧脉模糊，下面绿色，背面淡绿色，近全缘；先端渐尖，基部窄楔；叶柄长1.1厘米，翼叶线状或叶柄与叶身无分离节。

本品种主要特点为果皮光滑，肉质脆甜，酸度很低，几乎为无酸型，种子极少，近无核。

三、沙糖橘

【来源与分布】 沙糖橘（图2-5，图2-6）又名十月橘、冰糖橘，原产广东四会。是我国近10多年发展的主栽品种之一，主产广东、广西、福建、江西、四川、贵州、云南等地也有分布。

图2-5 沙糖橘果实

图 2-6　沙糖橘结果状

【主要性状】　树势健壮，树冠圆头形，枝条细密，叶缘锯齿稍深，翼叶较小。花较小，完全花。果实扁圆形，果皮油胞粗而突出，橙黄至橙红色，果顶平，果皮容易剥离，果肉细嫩，汁多味浓甜，可溶性固形物 12.0% ~ 14.0%，酸 0.3% ~ 0.5%，种子 0 ~ 12 粒／果。成熟期 11 月下旬至 12 月上旬。

四、春甜橘（春甜橘）

【来源与分布】　春甜橘（图 2-7，图 2-8），又名春甜橘、阳春甜橘，产于广东省阳春市马水镇。2003 年通过广东省农作物品种审定委员会认证。在广东、广西柑橘产区均有栽培。

图 2-7　春甜橘果实

图2-8　春甜橘结果状

【主要性状】　属高糖低酸小型蜜橘水果，树势健壮，树冠呈半圆头形，枝细密，花较小，完全花，果实扁圆形，果顶平，果皮容易剥离，单果重40～60克。果皮橙黄色，果肉橙黄色，肉质细嫩化渣，每100毫升果汁含糖11.8克、酸0.6克，味清甜。种子0～10粒／果，成熟期1月下旬至2月上旬。

五、明柳甜橘

【来源与分布】　明柳甜橘是广东省农业科学院果树研究所和紫金县科技局等单位从春甜橘的芽变选出的新品系。2006年通过了广东省农作物品种审定委员会审定。主产广东河源、惠州地区，广西有引种。

【主要性状】　树势强，树冠圆头形，枝条粗长有刺。花较小，完全花，自交不亲和。果形扁圆，果顶平，果面有柳纹，果皮容易剥离，橙黄色，大小为5.4～5.8厘米×4～4.5厘米。果肉汁多化渣，清甜有香味。可溶性固形物12.0%～13.0%，酸0.4%～0.5%。成熟期1月下旬至2月上旬，比春甜橘迟熟6～7天（图2-9，图2-10）。

图 2-9　明柳甜橘果实

图 2-10　明柳甜橘结果状

六、W·默科特

【来源与分布】　W·默科特又叫少核默科特、w.murcott 或 afourer，美国育成的橘与橙杂交品种，易剥皮，种子相对较少，果实留树时间较长，重庆市栽培较多、广西有引种，近年发展较快。

【主要性状】　树势强，幼树树形直立，结果后逐渐开张。早结丰产，果实扁圆形，果皮薄、光滑易剥离，橙红色或橙黄色，单果重 110～130 克，种子 0～5 粒，混栽时种子增多。可溶性固形物含量 12.0%～15.0%，酸 0.7%～0.8%。果肉汁多化渣，味浓甜。成熟期 1～2 月份（图 2-11，图 2-12）。

图 2-11　W·默科特果实

图 2-12　W·默科特结果状

第三章　建园与种植

一、园地要求

　　建园需要考虑气候、土壤、地形等方面的条件，具体要求见表 3-1。

表 3-1　园地要求条件

环境因子	适宜要求	管理要素
气温	宽皮柑橘最适宜区在年均气温 17℃～20℃，绝对低温不低于 -5℃；适宜区在年均气温 16.4℃～21.8℃，绝对低温不低于 -5℃	如遇霜冻，果实易受冻，引起枯水，叶片枯萎、脱落
光照	需光照充足，最适宜光照为 1.2 万～2.0 万勒	强光照会引起果实日灼病，宜提高果园湿度，降低夏季气温，改善小气候环境
水分	以常年有水灌溉、地下水位比较低、年降水量 1200～2000 毫米的地方为好	园地要靠近水源，或附近有蓄水的地方，以便修建水塘或山塘小水库或抽水，保证干旱季节能及时灌溉
土壤	以土层深厚、排水好、有机质丰富、pH 值 5.5～6.5 的微酸性沙壤土或壤土为佳	平地建园地下水位过高的应通过高畦栽培将地下水位降低
地形	以南坡方向为好	不宜选西向及日照强烈的地方，有台风的地方要注意避开台风侵袭
交通	规模建园宜选择能通行拖拉机、农用汽车或船只等交通较方便的地方	交通不便，将增加运输肥料、农药和果品等的成本

（一）丘陵坡地建园

利用红壤、黄壤的缓坡地或丘陵山地等建园，要优先选择地形较开阔平整、土层深厚肥沃、灌溉条件较好、坡度在25°以下、避冻避风的地方，同时搞好水土保持和土壤改良。

建园时要注意保留或在园地上方新种水源林和防护林，规划道路和排灌蓄水系统、工棚粪池，修筑内斜式等高梯地（图3-1）。坡度大、地形复杂或土地零散的地方应放弃不种。

图 3-1　山坡地修筑梯田

在丘陵坡地的梯面上，可开挖宽80～100厘米、深60～80厘米的改土壕沟（图3-2），或改土穴，挖出的表、底层土分开堆放，分别回填，回填沟、穴前最好任其暴晒一段时间。改土沟穴回填时，根据当地条件，可同时压埋基肥，如绿肥、厩肥等粗肥，也可用石灰（红黄壤等酸性土用）及磷肥、饼肥等精肥。将粗肥与挖出的表层土混合后回填到离沟底50～70厘米，将精肥与底层土混合后回填到高出地面10～20厘米即可，

图 3-2　开挖壕沟种植

最后将挖出的土壤全部回填，使改土沟、穴的土面高出地面20～30厘米，经过一段时间的风化下沉后即可定植。

　　近年来，为了提高效率，节省成本，在平地或缓坡地建园，往往不再开挖壕沟或定植坑，而是直接用挖掘机将全园土壤深垦50～80厘米，再按照株行距人工挖出定植穴，穴内施入基肥，堆沤1～2个月后定植（图3-3）。

图3-3　直接开垦种植

　　为了加快定植后的苗木生长，在改土沟、穴回填后即可确定定植规格和定植穴的位置，对定植穴进行土壤培肥。方法是以栽植点为中心，在其半径20～25厘米、深40厘米范围内的土壤施用适量的人畜禽粪肥、饼肥、复合肥等肥料，一边施肥一边将肥料与土拌匀，避免肥料过于集中造成伤根。如回填后立即栽植，则种植穴内施用的农家肥应经过充分腐熟。丘陵柑橘园容易干旱，要修建充足的蓄水或灌水设施，一般应保证每667米^{2}果园有6～10米^{3}的可用水源（图3-4）。

图3-4　水池与沼液池

（二）水田、围田建园

利用水田及江河三角洲围田建园，要重视按标准建立三级排灌系统，使排灌自如，以降低地下水位，地下水位常年保持在80～100厘米以下。水位特别高的地方，可采用深沟高畦方式建园（图3-5），最初起土墩定植，以后逐年加深加大排水沟，培土加大土墩，最终筑成畦面高50～60厘米、宽100～120厘米的龟背形种植畦。同时，应修建防洪和机械排水设施，并重视果园防护林网建设。

图3-5 深沟高畦建园

二、园地规划

（一）小区规划

园地选好以后，尤其对丘陵坡地面积较大的果园，用水平仪或经纬仪进行一次地形、地貌图的测定，标出等高线、山地、河流、面积、边界及现有设施，做好环境条件的各种说明，为具体规划设计提供依据（图3-6）。在此基础上，做好道路、小区、库房、水池、排灌设施等的规划。作业区要根据种植计划、劳动力、工作性质来决定。

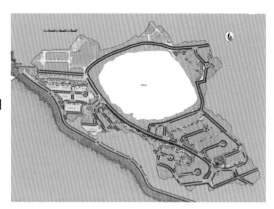

图 3-6　果园规划图

（二）道路与建筑物规划

　　为管理和运输方便，应在果园中完善道路系统，道路系统应与作业区、防护林、排灌系统、机械耕作系统相结合（图3-7）。一般大、中型果园要由主干道、支道和田间道三级道路组成。主干道是全园主要干线，要贯穿（图3-8）各个作业区，各区以主干道为分界线。主干道路面要宽，在山地局限性很大的情况下至少要保持4～5米，除了行道树以外，可以通过2个大卡车；小区支路，连接主干道，一般宽3米左右，主干道和支路路面可以铺填石料，以方便车辆通行；田间道是为了配合机耕，多在山腰设置环山道（图3-8），宽2～3米，铺石料或土壤路面均可。坡度较大的山地果园还要修建倾斜上山的道路，宽度与田

图 3-7　规模果园布局

间道同，坡度不宜太大，以免拖拉机上山困难。各级道路的两旁修筑排水沟，避免道路积水。

图3-8　山地果园主干道路

在山高坡陡、地形比较复杂、建设道路难度较大的地区，可以铺设绞车或轨道车运送物资（图3-9）。如是绞车则在山间设置空中索道，索道一般是双线的，一条线上，一条线下，各作业区均应有一条索道，与库房相连接，便于运送肥料、果品及其他物资，索道中心控制室应设在场部附近。轨道车则可沿山坡修建一条轨道，供车辆上下通行。

图3-9　山地果园轨道车

平地果园则根据小区面积，合理设置主干道、支路和田间道路，原则上以既方便农用机械通行，又不浪费土地为宜。

（三）水利设施

为方便灌溉、施肥和喷药，果园内一定要规划有水池和药池。原则上，每 6 667 ～ 10 000 米^2 的果园要修建一个水池，容积 40 ～ 50 米^3，用于贮水、沤制水肥用；在水池旁边，紧挨水池修建药池 1 ～ 2 个（图 3-10），每个药池容积准确定至 1 米^3，方便喷药时稀释药液。随着水肥一体化技术的兴起和成熟，目前能用作水肥一体化施用的水溶性肥料种类愈来愈多，且效果普遍较好。因此，如果条件允许，可同时规划滴灌或喷灌系统（图 3-11），逐步实现灌溉、施肥的一体化，提高效率，降低成本。

图 3-10　果园内的
水池与喷药池

图 3-11　果园滴灌管网

灌溉时，无论用明沟灌、暗沟灌，还是喷灌或滴灌，都要考虑到水源，水源有提灌引水、水库、河道等途径引水，现在山地果园中用得比较普遍的是提灌。

提水装置和排灌系统，除各区有水泵及提水送水设备以外，要在果园中心地带建立中心控制室，有条件的可以在中心控制室中安装计算机控制灌溉速度、时间及流量，并在有代表性的果园安装中子水分测定装置，测定柑橘的需水时间及需水量。

微型喷灌除了满足柑橘灌溉需要，还是目前世界上柑橘防寒的先进设备，遇到低温袭击时，微型喷灌可提高温度 1 ~ 2℃。

三、苗木质量与种植

（一）适宜砧木

砧木选择应当考虑当地气候和土质，宜选择砧穗愈合良好，丰产优质，抗逆性强，品种纯正，生长健壮，无检疫性病虫害的优良品种做砧木。这里仅介绍几种适用于本书所提及的适宜于避雨避寒栽培的柑橘品种的常见砧木品种：

1. 枳　根系发达，须根多，主根浅，冬季落叶（图3-12）。是目前应用最多、最广的柑橘砧木，对多数柑橘品种嫁接亲和力强，成活率高，早结丰产，较矮化，适应性强，耐寒、抗旱、耐瘠，较耐湿，

图3-12　枳壳砧木苗

不耐盐碱，对柑橘裂皮病和柑橘碎叶病敏感。适宜用作沙糖橘、春甜橘（图3-13）、明柳甜橘、茂谷柑、W·默科特、脐橙、金柑（图3-14）、滑皮金柑等的砧木。

图3-13　枳壳砧春甜橘

图3-14　枳壳砧金柑

2. 酸橘　较直立，根系发达，须根较少，主根深（图3-15）。对土壤适应性强，耐旱、耐湿，生长旺盛，进入结果年龄比枳迟。适宜作沙糖橘、春甜橘、明柳甜橘、茂谷柑、W·默科特、夏橙的砧木；用作金柑（图3-16）和滑皮金柑的砧木，容易出现树势过旺、坐果较差的现象，宜适当控制施肥量。

图 3-15　酸橘砧木苗

图 3-16　酸橘砧金柑

图 3-17　金柑实生结果树

3.金柑　根系较发达，须根多，主根较深，对土壤适应性强，耐旱、耐瘠，适宜用作金柑、滑皮金柑的砧木（图3-17，图3-18）。

图3-18　金柑本砧嫁接结果树

（二）苗木质量

优质苗木应该具备以下条件：砧木嫁接部位离地面5厘米以上，已解除嫁接时捆绑的薄膜，嫁接口愈合良好。主干粗直，高35厘米以上，具2～3条长15厘米以上的分枝，枝叶健全，叶色浓绿有光泽，砧、穗结合倾斜度不大于15°。根系完整，主根长20厘米以上，具2～3条粗壮侧根，须根发达，根颈正直，无病虫害。

（三）种植密度

种植密度一般应考虑品种（品系）、气候、立地条件（土壤、光照、水源、地形、地势等）和栽培技术等因素，详见表3-2。

表3-2　不同品种与地势种植密度表

品种（品系）	山地		平地	
	株行距（米）	株/667米²	株行距（米）	株/667米²
金柑	3×5	44	3×4	56
滑皮金柑	3×5	44	2.5×3.5	76
沙糖橘	3×5	44	3×4	56
春甜橘	3×5	44	3×4	56
明柳甜橘	3×5	44	3×4	56

（四）种植时期

春植和秋植为主，也可在夏初种植。春植在春梢开始萌动前，气温回升至15℃时开始；夏植在春梢老熟后的5月上中旬；秋植于10～11月初进行。

容器苗定植不受时间限制，一年四季均可种植，但比较而言，还是以春季和秋季种植为好。

（五）苗木定植方法

1. 裸根苗的定植　裸根苗（图3-19）根系不带土，因此，在定植前要先用新鲜黄泥拌成泥浆浆根，让根系表面均匀沾上一层泥浆，以起到保水、提高成活率的作用。浆好根后将苗木放进定植穴内（图3-20），此

图 3-19　柑橘裸根苗

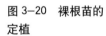

图 3-20　裸根苗的定植

时注意根系要保持自然伸展状态，之后回填肥沃的细土，一边回填一边往上轻轻提拉苗木，直至细土填满定植穴，用脚轻踩压紧细土。最后用附近的松土围起树盘，淋足定根水，用草覆盖树盘（图3-21），以后每周淋水 1～2 次，保持土壤湿润，直至抽出新芽时止。

图 3-21　定植后在树盘盖草

2. 容器苗的定植

（1）营养杯苗的定植　定植时轻拍营养杯四周，将苗木（图3-22）从育苗桶抽出放入定植穴内，用手固定苗木，将定植穴附近的肥沃细土回填入穴内，直至细土填满定植穴。最后用附近的松土围起树盘，用草覆盖树盘，淋足定根水。

图 3-22　柑橘营养杯容器苗

（2）营养袋苗的定植　定植时先将苗木（图3-23）搬运至定植穴旁，再用剪刀将营养袋剪开撕下集中放置，轻轻取出苗木放入定植穴内，将定植穴附近的肥沃细土回填入穴内，直至细土填满定植穴。最后用附近的松土围起树盘，用草覆盖树盘，淋足定根水。

无论是营养杯苗还是营养袋苗，定植时一定注意不能用力踩实土壤，以免踩烂营养土影响苗木的成活。定植深度以回填土后最上层的根系不裸露、松土下沉后根颈部不被土埋过为宜。

图3-23　柑橘营养袋容器苗

第四章　幼树管理

这里的幼树，是指自种植后至正常结果前的树，幼树一般只有营养生长没有生殖生长。对金柑、滑皮金柑、沙糖橘、春甜橘、明柳甜橘、茂谷柑、W·默科特来说，一般是指种植后第一、第二年的树，因为第三年这些品种开始开花结果。而对脐橙、夏橙类来说，一般是指种后第一至第三年的树，因为第四年开始已正常开花结果。

一、土壤管理

（一）中耕除草

夏季高温多雨，杂草茂盛，若不及时除草，则树盘内的肥料就会被杂草消耗，影响树体的营养。同时，雨季容易造成土壤板结，不利于根系的生长和活动。所以，应保持树盘内无杂草特别是恶性杂草。在每个季度，在除草的同时对树盘中耕 1 ～ 2 次，深度 10 ～ 15 厘米，保持树盘土壤疏松无杂草（图 4-1）。在树

图 4-1　树盘除草松土

盘以外，只要不是恶性杂草，则可以保留（图4-2），特别是在秋冬季节，保留树盘外的杂草既可以保湿，又可以降温保持土壤温度相对稳定。

图4-2 果园生草栽培

（二）深翻改土

柑橘属多年生果树，正常情况下其寿命长达30年以上，种植后固定在一个地方，每年从土壤中吸收大量的营养，虽然可从每次速效肥料中得到补充，但是，只靠施用速效肥料来补充是不够的，因为速效肥料没有改良土壤的作用，有时施用不当还会造成土壤板结，导致土壤结构恶化，不利于根系的活动。因此，必须每年或每2年进行1次深翻改土，通过挖深沟，施用有机肥料，增加土壤有机质，在补充土壤营养的同时，改良土壤结构，使土壤疏松肥沃，为根系生长创造良好的土壤环境条件。可在每年的6月份或10～12月份，在树冠一侧外围滴水线附近，挖长×宽×深为1～1.5米×0.5～0.7米×0.6～0.8米的施肥坑，坑内施入鲜绿肥、杂草、农家肥、堆肥、堆沤蔗泥或土杂肥、饼肥、石灰、钙镁磷肥等，肥料与土拌匀回填，挖坑位置逐年轮换。

（三）合理间作

在结果前，树冠较小，株间行间空地较多，为了解决有机肥的来源问题，可于封行前在行间、株间间种各种矮生绿肥，如花生、黄豆、绿豆、豇豆、茹菜、萝卜等（图4-3）。

图 4-3　间种茄菜

（四）树盘盖草与培土

在高温多雨的夏季，杂草生长快，如不能及时除草，则果园杂草丛生，影响到果园的正常管理和肥料的利用，但因雨水多人工成本越来越高，所以人工除草不容易。为解决这一问题，可以在夏季用杂草或稻草等覆盖树盘，减少或避免杂草生长，保持土壤疏松。同时，在干旱的秋季，继续用杂草、稻草或甘蔗叶、甘蔗渣覆盖树盘（图 4-4），覆盖物厚 5～8 厘米，离树干距离约 5 厘米，有利于保湿降温。冬季，对根系外露的树，可在树盘培入 3～5 厘米厚的肥沃土壤，保护根系。

图 4-4　树盘盖草防旱

二、肥水管理

(一) 施肥原则

土壤施肥以有机肥为主，化肥为辅，以满足树体对各种营养元素的需求。

(二) 土壤施肥

土壤施肥常采用浅沟施、深沟施等方法。施追肥时在树冠一侧或两侧滴水线附近挖深20～30厘米的条沟或环形沟（图4-5），长度视树冠、施肥量而定。位置逐次轮换。

图4-5　环状浅沟施肥方法

1. 基肥的施用　基肥，一般叫底肥，是在种植前施用的肥料。它主要是供给果树整个生长期所需的养分，为树体生长发育创造良好的土壤条件，同时改良土壤、培肥地力。作基肥施用的肥料大多是迟效性的肥料。厩肥、堆肥、家畜粪、绿肥等是最常用的基肥。化肥中的磷肥和钾肥一般也作基肥施用。化肥中的氮肥，如碳酸氢铵、钙镁磷肥、磷矿粉等均适宜作基肥施用。

基肥的施用深度通常在耕作层，和耕作土混合施，也可以分层施用。柑橘园的基肥除了在种植前施用外，更主要的是在柑橘果园改良土壤过程中施用，一般在夏季、冬季或早春季节施用，施用方法有：

（1）坑施　在树冠滴水线附近，挖深 40 ~ 60 厘米、宽 50 ~ 60 厘米、长 100 ~ 150 厘米的长方形坑，将基肥与土回填入坑内（图 4-6）。坑施一般用于幼龄果园和种植密度较小的成年果园。

图 4-6　挖坑施肥

（2）通沟施　沿行向，在树冠滴水线附近开挖与行同长、深 25 ~ 40 厘米、宽 30 ~ 40 厘米的通沟 1 条，沟内施入基肥（图 4-7）。用于种植密度较大的成年果园。

图 4-7　开浅通沟施肥

2. **追肥的施用** 追肥是指在柑橘生长过程中加施的速效性肥料。追肥的作用主要是为了供应柑橘抽梢、开花、坐果、果实膨大、成熟等不同生长发育时期对养分的需要，或者补充基肥量的不足而施用。生产上通常是基肥和追肥结合施用。追肥的施用方法主要有：

（1）浅沟施 在树冠滴水线附近，挖深20厘米、宽30厘米、

长100～150厘米的条沟或环形沟（图4-8），将追肥施入沟内后盖土。一般适用于干性肥料的施用。

图4-8 树冠滴水线附近开浅施肥沟

（2）淋施 在树盘松土的基础上，将粪水、沼液、麸水等速效性液肥直接淋施在树盘土壤上；或按浅沟施的开沟方法开好沟后，将液肥淋施到沟内。施后不盖土，可反复多次施用。适用于液肥如粪水、沼液、麸水及尿素、复合肥等既溶于水又不容易挥发的肥料的施用。

（3）滴灌 将水溶性的化肥按一定的浓度溶入水池后，通过滴灌带或滴灌管等滴灌系统将水和肥料滴到树盘土壤上（图4-9）。这种施肥方法省工省料，肥料利用率高。

图4-9 沿行向铺设2条可移动的滴灌管滴水肥

（三）叶面施肥

叶面追肥可及时补充树体急需的营养元素，因此，应用普遍，效果也很好。特别是在每次梢转绿老熟期喷施，对新梢转绿老熟具有良好的促进作用。可根据物候期，将速效性肥料按使用倍数对水后均匀喷雾到叶片上，及时补充树体所缺乏的营养。

1. **叶面施肥的种类与浓度**　见表 4-1。

表 4-1　常用叶面肥料种类、使用浓度及时期

种　类	使用浓度 (%)	使用时期	种　类	使用浓度 (%)	使用时期
尿　素	0.2 ~ 0.3	新梢转绿期	硫酸锰	0.1 ~ 0.2	新梢转绿期
磷酸二氢钾	0.2 ~ 0.3	新梢转绿期	硫酸亚铁	0.2	新梢转绿期
三元复合肥	0.3 ~ 0.5	蕾期、新梢转绿期	柠檬酸铁	0.05 ~ 0.1	新梢转绿期
硫酸镁	0.1 ~ 0.2	新梢转绿期	硼　砂	0.1 ~ 0.2	蕾期、花期
硫酸锌	0.1 ~ 0.2	新梢转绿期	硼　酸	0.1 ~ 0.2	
硫酸钾	0.5 ~ 1.0	新梢转绿期	沼气液	10 ~ 30	新梢转绿期
硫酸铵	0.3	新梢转绿期	人　尿	10 ~ 30	新梢转绿期
虾肽健叶	0.08 ~ 0.1	各生长期			

2. **叶面肥的使用时期与方法**　一般情况下，叶面肥在一年四季都可以使用，但在生产实践中主要还是在春梢、夏梢、秋梢或晚秋梢叶片展叶至转绿期间使用居多。叶面肥既可以单一使用，也可以 2 ~ 3 种混合使用。具体是单一还是混合使用，主要取决于叶面肥所含的养分种类及使用的目的。如为了促进新梢尽快转绿老熟，既可以单独使用三元复合肥、沼液或人尿，也可以用尿素＋磷酸二氢钾、尿素＋磷酸二氢钾＋硫酸镁、尿素＋磷酸二氢钾＋硼砂（或硼酸）等。除此以外，也可以直接使用市面上销售的含有多种营养元素的商品叶面肥。

表4-1中所列的"虾肽健叶"是一种新型的叶面肥（图4-10），其以虾头为原料，运用先进的生物螯合和酶解技术而成，提取出多种活性氨基酸、甲壳素、壳聚糖、虾脑磷脂、虾红素和活性钙，并添加经过氨基酸络合的镁、铁、锰、硼等元素，营养科学全面。在柑橘各生长期对水800～1 000倍叶面喷施，可有效增强植株免疫力，促进枝梢健壮，防止黄化早衰，促进糖分的积累，有利于果实着色和品质的提高。

图4-10 新型肥料虾肽健叶

（四）水分管理

1. 灌溉　用于果园灌溉的水，应确保无污染。在干旱的季节，根据叶片缺水情况及时进行灌溉，防止叶片萎蔫、卷叶、落叶。

2. 排水　在多雨季节或地下水位高的果园，应及时疏通排水系统，排除积水，以防积水泡根，导致烂根，诱发流胶病、根腐病，影响树体正常生长，出现叶片黄化、树势衰弱、产量和果实品质下降甚至死亡的严重后果（图4-11）。因此，在水田、洼

图4-11 低洼、积水导致沙糖橘黄化

地、排水不畅的土地上种植时，可采用高畦种植（图4-12）或开深沟排除积水。

图4-12 在易积水的果园采用高畦种植

（五）水肥一体化管理

随着劳动力成本的逐步提高，柑橘的施肥技术和方式正在向省力、高效、节本方面转变。传统的施肥除叶面肥及少量的化肥如尿素以外，基本上是通过沟施、穴施、撒施的方式，首先将肥料施入土壤，再通过灌溉或雨水将肥料溶解后被根系吸收，这种施肥用量大、劳动效率和肥料利用率低，往往肥料无法及时被吸收，在劳动力成本日益高涨的趋势下，此种施肥方式正在逐步被水肥一体化施肥方式所取代。

水肥一体化施肥方式是通过滴灌或微喷灌管道系统，事先将水溶性化学肥料按一定的比例和用量溶入洁净的水中，通过抽水机或压力泵加压将溶液滴到或微喷到根系周围土壤中，供根系缓慢、微量地吸收。这种施肥方式虽然增加了一次性滴灌或微喷系统的投入，但由于不需要开沟、开穴，所以大幅度地减少或避免了人工的投入，节省了人工成本，同时，用水量和用肥量均显著减少，所以，也同时节省了大量的灌溉水和肥料，肥料的浪费和流失基本可以避免或显著减少，因而肥料和灌溉水的利用率显著提高。

1.水肥一体化灌溉系统 分两种，一种是滴灌（图4-13），通过滴灌带或滴灌管将水溶性肥料输送到根系，所需供水与加压设备简单，一般在果园的高处建一个贮水池，不需加压，实行自流灌溉即可。同时，灌溉管道投资少，如果用滴灌带，则每667米^{2}投入约400元；用国产滴灌管的话，每667米^{2}投入1 000元左右。但是，如果使用进口成套滴灌设备，那设备投资就高达数百万元；另一种是微喷系统（图4-14），投入比滴灌系统大，主要是增加了加压水泵、微喷头，管道只能使用塑料管，而不能用滴灌带。

图4-13　沿行向铺设滴灌管滴水和水溶性肥料

图4-14　果园微喷系统

　　2. 水肥一体化所用的肥料种类和使用浓度　所用的肥料必须具水溶性、含有多种营养成分。市面上的同类肥料较多，成分、价格、效果都存在着较大的差异。这里介绍其中的一种新型肥料——虾肽氨基酸肥料供选用。

　　虾肽氨基酸是采用富含动物性蛋白的虾头为原料，运用先进的生物螯合和酶解技术而成的专利产品。肽是一种容易被农作物吸收的小分子营养，虾头中含有18种游离氨基酸，氨基酸总含量18%以上，还含有丰富的虾肽蛋白、虾脑磷脂、虾红素、壳聚糖和活性钙等。

目前，水溶性虾肽氨基酸肥料主要有以下2种：

1. 虾肽壳多宝　　富含虾头提取的内源营养，包括虾红素、虾源氨基酸和活性钙等成分（图4-15）。在酸性土壤单独施用，可快速降低土壤酸度，大量培养有益微生物，改善土壤生态环境条件，提高土壤养分利用率，抵制病菌、线虫繁殖，促发新根，增强根系吸水和吸肥能力。可在各个生长期对水1 500～2 500倍淋土淋根。注意施用后10小时，才能施用其他肥料。

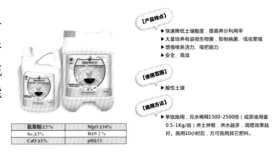

图4-15　新型肥料虾肽壳多宝

2. 虾肽特护　　是用虾头为原料生产的氨基酸甲壳素肥料（图4-16）。富含甲壳素、壳聚糖、多种活性氨基酸、活性钙等成分。具有活化土壤、增殖有益菌、增强免疫力，促根促长，促进果实着色，提高果实钙含量等功能。可在柑橘各生长期对水300～400倍淋根。

图4-16　新型肥料虾肽特护

三、树冠管理

（一）适宜的树形

品种不同，其适宜的树形也不尽相同，因此，整形修剪时要根据不同的品种采用不同的树形，以达到早结果早丰产的目的。实践证明，柑橘的树形一般采用下面 2 种较适宜。

1. **自然圆头形** 干高 35～40 厘米，有明显主干，主枝 2～3 个，主枝分布较均匀，呈放射状，主枝上配置副主枝 2～3 个（图 4-17）。该树形分枝多，生长量较大，容易形成树冠，树形开张，幼年树容易结果，果实分布均匀。这种树形随着树龄的增长，树冠内膛容易荫蔽，导致枯枝、弱枝、病虫枝多，光照不足，如不注重修剪容易出现内膛空、平面结果现象。

图 4-17　金柑自然圆头形树形

2. **自然开心形** 干高 40～50 厘米，有明显主干，主枝 2～4 个，主枝上留侧枝 3 个左右，主枝、侧枝分布错落有致（图 4-18）。该树形有主干，树冠较高，主枝和侧枝较少，修剪时有意识地少

短剪,尽量保留长枝条,促使树形开张,同时将树冠叶幕层剪成错落有致的波浪状,有利于通风和光照,内膛光照条件较好,枯枝、病虫害少。

图 4-18　沙糖橘自然开心形树形

（二）整形修剪

1. **整形修剪方法**

（1）除萌　将砧木上萌发的嫩梢抹掉（图 4-19）。

（2）摘心　在新梢自剪前将嫩梢顶芽摘掉,防止新梢过长,促进新梢转绿、老熟（图 4-20）。

（3）抹芽控梢　在统一放梢前,将提前、零星抽出的嫩梢及时抹掉（图4-21）,待 60% 以上的新梢萌发时再统一放梢。

图 4-19　剪除砧木上萌发的萌芽

图 4-20　摘　心

图 4-21　抹除零星抽出的嫩梢

（4）短剪　在统一放梢前 10～15 天，将过长的基枝留 30～40 厘米长进行短剪，促进基枝抽发健壮新梢（图 4-22）。

图 4-22　短　剪

（5）疏剪　在嫩梢抽出后，将过多、过密的弱小嫩梢人工疏掉（图4-23，图4-24），以使留下的嫩梢生长健壮。

图4-23　人工疏芽

图4-24　疏剪掉过多的枝条

2. 1年生幼树的修剪

（1）修剪的目的　定植第一年，根系恢复生长慢，幼树抽梢能力弱，往往春梢、夏梢和秋梢抽不整齐、抽得弱，有时当年只抽夏梢和秋梢。所以，当年修剪的目的主要是定好主干、留好主枝和副主枝，为第二年树形的形成创造基础条件。

（2）修剪要领　1年生树春、夏、秋梢的修剪以轻剪为主。在春季定植时或定植后，要及时进行因树修剪。

①对无分枝的单干苗，可在离地面约40厘米高处剪顶，待春

梢抽出后，选留健壮、分枝角度及位置合理的2～3条春梢作主枝，多余的春梢抹掉。

②在春梢老熟后、放夏梢前10天左右，要及时抹芽控梢，将春梢上抽出的单个夏芽及时抹掉，促其抽出2～3条以上的夏梢作副主枝，多余的抹掉。

③在夏梢老熟后、放秋梢前10～15天，将过长的夏梢留约30厘米长短剪。秋梢抽出后只留2～3条健壮枝，多余的秋梢疏剪掉。

对具有2～4条或以上分枝的优质苗木，不需重新定干，只须在春梢、夏梢和秋梢抽出后，按照健壮枝留嫩梢2～3条、弱枝留1～2条的标准留梢，多余的嫩梢及时抹掉。

3.2年生幼树的修剪

（1）修剪的目的　种植后的第二年，根系已完全恢复，当年的各次新梢往往抽出较整齐、数量也较多，金柑、沙糖橘和春甜橘往往开始有花(图4-25)。修剪的目的主要是促使树冠早日形成，为早结果奠定良好的基础。因此，这时的修剪任务主要是促发新梢、确保新梢多而健壮，及时摘掉花蕾。

图4-25　2年生沙糖橘花多影响春梢生长

（2）修剪要领　2年生树的修剪仍以轻剪为主。

①在春梢抽出后，选留健壮的春梢2～3条，多余的春梢抹掉。树势健壮的树，不仅春梢数量较多，而且春梢也较长（图4-26），特别是没有花蕾的幼树更明显。因此，对健壮树的春梢，不仅要及时疏剪掉过多的嫩梢，在嫩梢自剪前还要将过长的嫩梢进行摘心或短剪（图4-27）。

图4-26　部分基枝萌发的春梢过多

图4-27　疏剪后留3条分布均匀的春梢

　　②2年生树一般会开花，但因树冠太小，故宜在现蕾期将花蕾摘掉，以免消耗养分，影响春梢生长，导致春梢偏弱，树冠扩大慢。

　　③在春梢老熟后、放夏梢前10天左右，及时抹芽控梢，将春梢上抽出的零星、单个夏梢及时抹掉，待60%以上的夏梢萌芽时再统一放梢，以促使大部分的春梢都能抽出2～3条夏梢，夏梢抽出后，多于2～3条的夏梢要及时抹掉。

　　④在夏梢老熟后、放秋梢前10～15天，将过长的夏梢留约30厘米长进行短剪（图4-28）。2年生树的秋梢往往抽发较整齐，所以，一般不需抹芽控梢。秋梢抽出后，每条夏梢上留秋梢2～3条，多余的秋梢要及时抹掉。

图4-28　短剪过长的夏梢

　　同时，为了保证秋梢健壮、正常转绿老熟，顺利进行花芽分化，为3年生树的开花结果奠定基础，放秋梢的时间不能过迟。在广西北部地区，一般在7月底至8月初立秋前后开始统一放秋梢。

　　⑤秋梢老熟后，若冬季温度较高，往往容易抽出冬梢，影响花芽分化，所以，要及时将冬梢抹掉。

第五章 结果树管理

沙糖橘、春甜橘、金柑、明柳甜橘、茂谷柑、W·默科特结果早，投产快，产量高，特别是沙糖橘、春甜橘，种后第五年每 667 米^{2}产量可达 3 000 ~ 5 000 千克。要获得高产优质，除了高标准建园、加强病虫害防治以外，种植后的田间管理措施特别是树冠管理技术是否科学、合理、及时、到位，就成为柑橘能否持续获得高产高效的极其重要的因素。因此，必须加强对结果树树冠的管理，通过科学的整形修剪、合理的肥水管理，培养通风透光良好、结果母枝多而健壮的丰产树形，通过保花保果技术的应用达到多结果、年年结果的目的，最终实现丰产、稳产、优质、高效的目的。

一、树冠管理

（一）根据品种的不同，培养量多质优的结果母枝

沙糖橘、春甜橘、明柳甜橘、W·默科特主要以秋梢为结果母枝（图 5-1），金柑、滑皮金柑则以春梢和少部分夏秋梢为结果母枝（图 5-2）。因此，如何培养数量充足、充实健壮的秋梢或春梢作为结果母枝就十分关键，其数量和质量关系到翌年的产量和质量。要根据树龄、树势、挂果量培养好结果树各个阶段量足质优的结果母枝。一般要求青年结果树培养 100 ~ 200 条、长度 20 ~ 30 厘米；成年结果树和老年结果树培养 200 ~ 300 条、长度 15 ~ 25 厘米，叶片浓绿、健壮充实、无病虫害的结果母枝。

图 5-1 沙糖橘的秋梢结果母枝

图 5-2 金柑的春梢结果母枝

（二）适时放梢，培养健壮的结果母枝

放秋梢时间要根据树龄、树势、结果量、立地条件和气候条件来决定。沙糖橘、春甜橘以秋梢为结果母枝，如放梢太迟，秋梢不充实，影响花芽分化与结果；放秋梢过早，容易促发冬梢，影响翌年的花量。所以，对沙糖橘、春甜橘、明柳甜橘、茂谷柑、W·默科特来说，结果多、树势弱的山地缺水的果园，适宜在大暑至立秋前放秋梢；对结果少、树势旺盛、水田栽培或灌溉条件好的果园，则可在立秋后至处暑前放秋梢。金柑、滑皮金柑则以重点培养充实的春梢为结果母枝，在春梢萌芽前及时完成修剪、施肥、淋水等工作。

（三）合理修剪

第一，在放梢前 15 ～ 20 天，对树冠中上部丛状密生枝、旺长枝、徒长枝、落花落果枝、弱枝进行短剪或疏剪（图 5-3 至图 5-5），促发更多健壮秋梢抽出。对结果多的树，应疏去部分皮厚、粗糙、过大、品质低劣和畸形的果实。同时，剪除病虫枝、枯枝、减少养分消耗，促发秋梢；第二，在金柑、滑皮金柑采果后要及时进行修剪，重点对树冠中上部的结果枝、落果枝、徒长枝、弱枝进行适当的短截，促发健壮的春梢，确保当年结果母枝的数量和质量。不同阶段结果树的修剪方法如下。

图 5-3　短剪徒长枝

图 5-4　沙糖橘丛状枝枝条多而密

图 5-5　短剪后的丛状枝

1. 初结果树的修剪　初结果期树的营养生长仍较旺盛，其树冠仍需要继续扩大，在修剪上要以轻剪为主，采取"抹除夏梢、培养秋梢、抑制冬梢"来平衡营养生长和生殖生长的关系。同时，通过整形修剪，培养早结、丰产、稳产的树形，逐年提高产量。

（1）抹芽控梢　沙糖橘、春甜橘、明柳甜橘、W·默科特初结果树春夏梢量多而旺盛，往往春梢老熟后，夏梢大量萌发而容易大量落果（图 5-6 至图 5-8）。因此，第一，要调控春梢抹除夏梢：调控春梢主要是通过疏除过多的无花春梢和徒长枝，剪除生长旺盛难于坐果的树冠顶部的春梢（图 5-9）；第二，

图 5-6　夏梢抽出过早加重沙糖橘的生理落果

当夏梢抽出 2～3 厘米长时及时抹除（图 5-10），每 3～4 天抹 1 次，直到立秋或处暑前后再统一放梢。抹梢要按照"去零留整、去早留齐、去少留多"的原则，通过抹芽控梢、打顶削弱营养生长，确保坐果。在春梢、夏梢和秋梢生长期间，树冠顶部部分健壮的基枝容易抽生过多的嫩梢，导致丛状枝（图 5-11）、扫把枝（图 5-12）的出现，因此，在新梢刚抽出 2～3 厘米长时，可按照"去弱留强、去密留稀、留梢 2～3 条"的原则（图 5-13），将过弱过密过多的嫩梢疏掉，以免新梢数量过多造成树冠过密、枝梢过弱。

图 5-7　夏梢大量萌发引起沙糖橘严重落果

图 5-8　成年结果树抽生大量夏梢致结果少

图 5-9 花少的结果树春梢过多

图 5-10 初结果树春梢过多过长

图 5-11 丛状枝

图 5-12　扫把枝

图 5-13　疏剪丛状枝后留
3～4条健壮、分枝角度好
的嫩梢

　　（2）适当控制树冠　　初结果树的修剪除继续整形培养开张的
树形外，还要注意控制树冠，勿让树冠扩大过快导致株间、行间
交叉，影响通风透光，因此，初结果树的修剪要继续以轻剪为主，
因为重剪势必促使新梢抽得多抽得壮。除了疏剪过密的梢外，正
常的春、夏和秋梢一般都不用剪。对个别的长枝，则可进行适度
的短截促其分枝，对树冠中上部的徒长枝可进行短剪，而对丛壮
枝可留其中分枝角度好的 2～3 条（图 5-14，图 5-15），多余
的疏掉。

图 5-14　丛状春梢嫩梢过多

图 5-15　丛状枝疏剪后留 3 条健壮枝

但是，沙糖橘、春甜橘结果树常因夏梢抽得早抽得多而引起异常落果（图 5-16），所以，这几个品种的早夏梢必须及时抹掉。同时，

图 5-16　夏梢过早过多抽出导致沙糖橘生理落果多

可在谢花后的 4 月下旬至 5 月初，当春梢转绿老熟后，对主枝进行环割，减少夏梢的抽发。一旦夏梢抽出的数量较多（图 5-17），还需疏掉一部分，以免引起过多的落果。

图 5-17　夏梢过多过密

（3）适时放梢　初结果树放梢时间应根据树龄、树势、结果量来决定，原则是：对结果多，树势弱的可早放梢，结果少、树势旺盛的可迟放梢。初结果树放秋梢时间不能太迟，放梢太迟会影响翌年开花的质量，不利于保花保果。因此，要根据本地的气候条件和立地情况灵活掌握放梢时间。同时要配合栽培管理进行断根控水，抑制冬梢萌发和环割促进花芽分化，增加翌年花量。

2. 盛果期的修剪　进入盛果期以后，营养生长与生殖生长达到相对平衡，也是结果量和果实品质表现最佳的时期。随着树冠逐年扩大，树冠内枝条密集变细变弱，出现干枯枝（图 5-18），尤其是果园封行后，

图 5-18　树冠荫蔽导致光照差、枯枝多

树冠相互交叉郁闭，通风透光性能差，容易出现平面结果，果实变小，品质变劣，产量逐年下降，果园管理困难。此时，要通过疏剪或短剪，改善树冠通风透光条件，更新枝组，增加内膛结果能力，实现立体结果，达到延长结果年限的目的。

盛果期的修剪应抓好以下三点：

（1）冬季修剪　最适宜在冬末春初进行，在采果后至春梢抽发前 15 ～ 20 天完成，一般在 11 月至翌年 2 月春梢萌芽前完成为宜。第一，剪除树冠中上部的交叉枝、无叶光秃枝、枯枝、扫把枝、病虫枝（图 5-19），疏剪或短剪徒长枝、营养枝（图 5-20）；第二，短剪树冠中上部外围的结果枝、衰弱枝，对树冠内膛的多年生衰弱的交叉大枝，可留长 6 ～ 10 厘米、粗度为 0.8 ～ 1.2 厘米的基枝进行短剪，以促发新梢，更新树冠内膛及中下部结果枝组；第三，对树冠内膛枝要尽

图 5-19　短剪无叶光秃枝

图 5-20　短剪树冠顶部营养枝

量保留，重点剪去病虫枝、枯枝，短截徒长枝、弱枝促发新梢；第四，对树冠中下部及内膛的一些衰弱结果枝、结果母枝，可在采果时实行"一果两剪"将其全部剪去，以减少养分消耗。

（2）夏季修剪　目的主要是促使树冠抽出健壮的秋梢结果母枝。夏剪一般在放秋梢前 15～20 天进行。修剪方法以短剪为主、疏剪为辅。第一，对冬春季来不及修剪的树要采取疏剪和短剪相结合的修剪方法，对树冠中上部外围的弱枝、营养枝进行短剪（图5-21），对交叉枝、重叠枝、丛状枝进行适当的疏剪，同时短剪树冠中上部外围粗度在 0.5～1 厘米的营养枝，促其抽出健壮的秋梢；第二，短剪树冠中上部外围的长营养枝（图 5-22）、落花落果枝（图 5-23）、弱枝，以更新结果枝组。对树势较弱的树，应进行重剪，促进新梢萌发，恢复树势；第三，对丰

图 5-21　短剪树冠外围的营养枝

图 5-22　夏季短剪长营养枝，促发秋梢

产树树冠外围较密的骨干枝、分枝要适当疏剪一部分，适当短剪或疏剪2～3年生的直立或交叉大枝（图5-24），使树冠形成凹凸的波浪形（图5-25），有利于改善树冠光照通风条件，提高树冠内膛结果能力。同时,对树冠内部和下部过多的细弱枝应疏剪掉,以减少养分消耗。

图5-23　夏季短剪长落花落果枝

图5-24　夏季短剪丛状枝

图5-25　波浪形树冠

3. 封行树的修剪 果园株行间封行后，由于通风透光差，容易造成树冠荫蔽，内膛枯枝、病虫枝多，2～3年内就会出现内膛空虚(图5-26)，由立体结果逐步转为平面结果，产量不断下降，品质变劣。为此，修剪方面应采取：一是在采果后进行隔株间伐，改善通风透光条件；二是在每年的冬季、夏季修剪时对株行间无果的交叉大枝、枝组进行适当的回缩修剪或疏剪，保持株间、行间能通风透光；三是在夏季、冬季修剪时在树冠中上部的不同部位选择10～20条枝径在0.5～2厘米的落花落果枝组、直立枝、丛状枝、交叉枝进行疏剪，使树冠表面形成凹凸的波浪树形，俗称"开天窗"(图5-27)。也可在计划砍伐树的树冠一侧或两侧，锯掉1～2条直径2～4厘米的大枝(图5-28)，使该侧留出足够的空间用于通风透光，改善通透条件，避免隔株间伐造成大的损失，逐步恢复立体结果，提高产量。

图5-26 株行间交叉后容易出现内膛空虚

图5-27 沙糖橘密闭树顶部开天窗

图 5-28　疏剪株间大枝

4. 衰弱树的修剪　进入盛果期 6～8 年后，随着树龄的增长，如果栽培管理不当，容易造成树势衰弱，早衰，产量下降，果实品质变劣，其成因主要有二：一是果园土壤条件差，土壤改良措施不到位，粗种粗管，树冠外围的新梢短小，细弱，叶片薄、无光泽，内膛无叶枝、干枯枝多，树势差，挂果量少；二是由于密植果园郁蔽，株行间枝条交叉，植株枝梢向上生长，树冠内膛通风透光差，病虫枝、干枯枝多，形成平面结果，产量逐年下降。针对这种情形，修剪上应采取回缩修剪为主，同时加强土壤改良和肥水管理，以尽快恢复树势。

（1）回缩修剪方法

①主枝更新　主要针对衰退程度较重，或衰退程度轻但已封行多年，大枝过多、上强下弱、外强中空的树而言。修剪时将离地面高 80～100 厘米处的 3～5 级骨干枝进行回缩，促使主枝、副主枝重新抽发新梢（图 5-29），

图 5-29 主枝更新

主枝更新要经 1～2 年后才能恢复形成新树冠开花结果。主枝更新时要做好树干处理部位的保护，可用塑料薄膜包裹树干锯口保护，防日灼、淋雨霉变。新梢抽出时再将薄膜捅出口子，以便新梢顺利抽出。也可以用其他优良品种进行高接换种（图 5-30），达到主枝和副主枝或侧枝更新的目的。

图 5-30　高接换种

②露骨更新　主要针对树冠密闭，果园已封行的树，宜进行中度回缩修剪，即在树冠中上部或外围，短截径粗 2～3 厘米的枝条，

保留剪口下的侧枝和树冠内部的小枝（图 5-31），使树冠通风透光条件改善，树冠经 1 年的恢复生长后基本成形。这样的修剪方法快、效果好，当年可恢复树冠，第二年可有一定的产量。同时，要加强栽培管理，通过摘心、抹梢，促使夏秋梢老熟，为翌年结果做好准备。

图 5-31　树冠露骨更新

③轮换更新 主要针对衰弱程度较轻且仍能适量挂果的树或无花无果、树冠结构好、果园未封行的树。宜在采果后、春梢萌发前进行轻度的回缩修剪，短截结果母枝，只留基部数张叶片。轮换更新一般在2～3年内分批完成，逐年轮换短剪。对已衰弱的枝组，可重短剪2～3年生的大枝，促发新梢。

（2）修剪时间 回缩修剪最适宜在春季进行，夏秋季进行亦可，春夏季气温较高，回缩修剪后恢复快，冬季进行常因低温霜冻造成剪口冻伤，所以在冬季低温的产区不宜在冬季进行，冬季温暖的产区除外。中度回缩和重回缩修剪宜在春夏季进行。夏秋季重回缩修剪，需用遮阳网覆盖树冠，以防晒伤。对严重衰退的树，要在回缩修剪前加强肥水管理，待树势、枝梢适当恢复后再进行。开春后，回缩过的主枝和骨干枝会抽发大量的春梢，要做好疏梢保梢工作，避免出现扫把枝。

二、施　肥

沙糖橘、春甜橘、明柳甜橘、W·默科特、金柑、滑皮金柑结果早、产量高，对肥水的要求较高，如果肥水管理跟不上，就容易造成树体营养失调，树势衰退，产量下降，沙糖橘、春甜橘、明柳甜橘、W·默科特还容易出现大小年现象。因此，应因地制宜，合理施肥。

1. 土壤施肥 土壤施肥要根据品种、树龄、树势、产量、肥料、季节、天气、土壤等不同情况进行，才能最大限度地发挥肥料的效用，确保丰产、稳产、优质。原则上采取追肥、化肥浅施，基肥、有机肥深施。

（1）深翻改土，增施有机肥 每年冬季的12月至翌年1月采果后或夏季的6～7月，沿树冠滴水线下挖长80～100厘米，宽、深各40～50厘米的长方形坑，施肥量约为全年的40%左右，肥料以有机肥为主，配合商品肥。以株结果50千克的产量计算，每株施入绿肥、杂草、腐熟农家肥等有机肥 20 ～ 30 千克，复合肥 1 ～ 1.5 千克，磷肥 1 千克，麸肥 1 ～ 2 千克，熟石灰 1 ～ 1.5 千克，肥料与土要尽量拌匀施下，避免肥料过于集中造成伤根。深施重肥的位置需逐年轮换，保证土壤疏松肥沃，树体有足够的养分，为丰产、稳产、优质打下基础。

（2）萌芽促花肥　柑橘生长、开花结果周期长，生长量大，消耗养分多，而土壤养分有限，所以应及时通过追施肥料补充营养。可在春梢萌芽前 10 ～ 15 天，在树冠滴水线附近开深 10 ～ 15 厘米的环状沟，每株施入 0.3 ～ 0.75 千克尿素、0.5 ～ 1 千克复合肥，加腐熟的麸水或沼气液 30 ～ 40 千克，施后回土。

（3）稳果肥　春梢生长、开花坐果与幼果发育使树体养分大量消耗，而且新梢生长与花果之间还相互争夺养分，导致落花落果。因此，要及时施稳果肥以减少落花落果，促进新梢转绿，提高坐果率。可在谢花三分之二左右时，开浅沟每株施入尿素 0.3 千克、复合肥 0.5 千克、硫酸钾 0.2 千克，加施腐熟猪牛栏粪水或沼液 30 千克。

（4）壮果促梢肥　在秋梢抽发前 10 ～ 15 天，沿树冠滴水线附近挖 10 ～ 15 厘米深的浅沟，每株施入尿素 0.3 千克、复合肥 0.5 ～ 1 千克、腐熟花生麸 2 ～ 3 千克。此次施肥最好同时加腐熟花生麸水 30 ～ 40 千克。目的是保证树体有足够养分，促进果实膨大和秋梢抽发，为翌年开花结果创造条件。

（5）采果肥　施采果肥的目的是恢复树势，为翌年开花结果做准备。一般在采果前后进行，树冠盖膜后往往不方便施肥，因此，为了既方便又能及时将肥料施下，可将采果肥提前至 11 月份、树冠盖膜前施完。肥料以农家肥和有机肥为主，结合商品肥料，按株产 50 千克计算，每株施农家肥 20 ～ 30 千克、麸肥 2 ～ 3 千克、复合肥 1 ～ 1.5 千克、石灰 0.5 ～ 1 千克。

各次追肥的具体施肥种类与施肥量，需根据品种、树龄、树势、产量、土质、气候等情况灵活掌握。

2. **叶面施肥** 大部分叶面肥可与农药结合使用，从而减少劳力、节约开支，但使用时要注意农药及叶面肥使用的注意事项，以免降低药效和肥效。叶面肥最适宜在新梢期和幼果期使用，阴天或下午3时以后喷洒效果更好，具体的叶面肥种类、使用时期与浓度详见表4-1。

三、水分管理

水分是柑橘生长发育不可缺少的重要条件。俗话说：收多收少在于肥，有收无收在于水。缺水会使植株萎蔫枯死，而土壤水分过多或湿度过大，则会造成烂根或发病落叶，导致植株衰退甚至死亡。因此，加强水分管理，对柑橘早结、丰产、稳产、优质具有重要的意义。

（一）合理灌水

在生产上，如果阴天叶片出现轻微萎蔫症状，或在高温干旱天气条件下卷曲的叶片在傍晚不能及时恢复正常，就要及时淋水，保证树体对水分的需要。柑橘在春梢萌动期及开花期（2～4月）、果实膨大期（5～10月）对土壤含水量十分敏感。当土壤含水量沙土<5%、壤土<15%、黏土<20%时，就要及时淋水。一般沙糖橘、春甜橘裂果期在9月上旬至11月上旬，这个时期如遇到连续干旱，那么每隔15天左右应淋水1次，保持土壤水分均衡，防止因缺水而影响果实膨大，并防止久旱下大雨导致裂果。同时，在秋冬季节利用果园生草，树盘覆盖，保持土壤湿润。

（二）适时控水

一般柑橘在秋、冬季及秋梢老熟后要适当控水：一是防止水分过多，不利于花芽分化；二是抑制抽发晚秋梢和冬梢，使树体更好地积累养分；三是为了提高果实的含糖量，增进果实的风味，同时提高果实耐贮性，在果实采收前1个月内也要适当控制水分，保持土壤适当干旱。果实采收前的10～15天需完全停止灌水，以降低土壤含水量，提高果实品质。

（三）防旱排涝

长期干旱会使土壤水分大量减少，导致柑橘植株缺水，叶片褪绿、卷缩，果实生长发育停止，严重时引起落叶、落果，枝叶干枯等，甚至出现植株死亡现象。反之，柑橘受涝时间过长或果园低洼长期浸水，植株容易发生根系腐烂、叶片黄化、枯枝等。因此，旱季要注意防旱，雨季注意防涝。主要措施有：第一，建园时搞好果园供水、排水系统，做到能灌能排；第二，改良土壤，每年通过深翻压绿肥，增加土壤肥力，改善土壤团粒结构，提高抗旱性，使土壤水分能排能蓄；第三，在干旱前和大雨过后，及时中耕松土，使空气进入土壤孔隙，可降低土温，减少水分蒸发；第四，在树盘覆盖稻草、杂草或反光薄膜（图5-32），减少水分蒸发，降低土壤温度；第五，果园生草栽培（图5-33），除树盘杂草要铲除外，株间、行间非恶性杂草宜保留，或人工种植白花草等。

图 5-32　树盘覆盖稻草

图 5-33　果园生草栽培

四、保花保果

采取正确有效的保花保果技术措施是确保保花保果效果的前提，要做到这一点，首先要掌握不同品种的结果习性。

（一）结果习性

沙糖橘、春甜橘、金柑开花结果习性与其他柑橘品种有相同之处，但也有其本身的特性。

1. 沙糖橘、春甜橘开花结果习性 沙糖橘、春甜橘的花芽为混合花芽，雌雄同花，为完全花、白色、自花结果。以秋梢为主要结果母枝，结果枝着生在枝条中上部，有无叶结果枝、有叶结果枝、无叶花、有叶花（图5-34至图5-36）4种类型，这些类型的结果枝都能结果。无叶结果枝，花多、养分消耗大、坐果率低；有叶单花着生在结果母枝当年抽生的春梢上，开花前后，春梢、花、幼果相互争夺养分，容易引起落花落果；无叶花开花前后，春梢、花、幼果间相互争夺养分相对不如有叶花激烈，其坐果率较高；有叶结果枝有叶2～4片，但叶片小，消耗少，坐果较差。

2. 金柑开花结果习性 金柑的花芽为混合花芽，雌雄同花，为完全花，自花结果，白色，小而多，有单生、双花及花序花（图5-37）。以单生或双花结果为主，花序花坐果率较低。金柑一年多次开花结果，春、夏、秋

图5-34 沙糖橘的有叶单花

不同季节抽出的枝梢均可分化花芽，开花结果，但以春梢结果母枝为主，部分夏秋梢也可成为结果母枝。花期主要在 5 ～ 9 月份，尤其以第一批、第二批花坐果率高，果实品质好、果形大、着色漂亮，而第三、第四批花果实小、品质稍差，这与果实生长发育期较短、气温下降有关。

图 5-35　沙糖橘秋梢结果
母枝上的无叶花

图 5-36　春甜橘的无叶花与有叶花

图 5-37　金柑的秋梢
结果母枝与花

（二）保花保果技术

影响柑橘落花落果的原因很多，如长期低温阴雨、缺乏光照、高温、栽培管理不当、树势衰弱、养分供应不足、树势生长过旺、砧木不当、新梢过多与花果争夺养分、病虫害严重等都会导致落花落果。因此，如何把保花保果各项技术措施及时做好非常重要。主要的保花保果技术有：

1. 花前施肥　主要作用是壮蕾、壮花及提高花的质量，提高坐果率，柑橘从花芽分化开始到新梢萌芽至开花结果，树体消耗了大量的营养。特别是采用避雨避寒栽培技术后，沙糖橘、明柳甜橘、W·默科特、夏橙、春甜橘、金柑留树挂果时间长，更要及时补充足够的养分，才能保证树体正常生长和开花结果。因此，在春梢萌芽前 15 天左右，沿树冠滴水线附近开环沟施 1 次花前肥。特别是对衰弱树，要加强肥水管理，增强树势。

2. 抹芽控梢　在现蕾期和谢花后，人工抹芽控梢，把部分营养春梢和谢花后无果的营养枝抹去，可减少落蕾落花。同时，在 6 月中下旬前，对结果树萌发的早夏梢全部抹除，以减少大量的养分消耗，防止大量落果。

3. 根外追肥　在花蕾期、谢花期和幼果期分别进行根外追肥，能及时补充养分，减少落花落果。在花蕾期喷施 0.2% ～ 0.3% 尿素液 +0.2% 磷酸二氢钾 +0.1% 硼砂或速乐硼 1 000 倍液，每隔 10 ～ 15 天 1 次，连喷 2 次。谢花后可喷 1 次 0.3% ～ 0.4% 复合肥液加含微量元素的叶面肥。也可在花蕾期、生理落果期喷施 600 倍果叶康 3 ～ 4 次。

4. 花期摇花　春季雨水多，开花后花瓣和花丝容易黏附在子房和花托上，造成小果腐烂而落果。因此，可在开花期间每隔 5 ～ 7 天定期摇花，把凋谢的花瓣摇落。

5. 药物控梢　人工抹梢成本高，采用药物控梢见效快、效果好。在夏梢期喷杀梢素、控梢素能有效杀死已萌发的夏梢，抑制夏梢生长。但在使用时要严格控制浓度，切忌浓度过高，同时不能与叶面肥、农药混合使用，以免产生药害。

6. 激素保果　在柑橘开花、生理落果期，根据品种的不同，特别是对无核的品种，适当喷施植物生长调节剂，能有效减少落花落果，提高坐果率。出现异常天气时，更要注重生长调节剂的应用。

（1）植物生长调节剂的种类　生产上应用较多的主要是赤霉素（920）、芸薹素内酯、细胞分裂素、复硝酚钠（爱多收）、防落素（B9）、2，4-D 等。

（2）植物生长调节剂的使用　在使用前必须了解植物生长调节剂的有效成分、使用方法及生产厂家，然后根据落花落果和天气等情况使用。如春季低温阴雨，天气异常，为提高花的质量和壮蕾壮花，在现蕾期至谢花期间，宜用芸薹素内酯、细胞分裂素、复硝酚钠等；谢花后至第二次生理落果期落果最为严重，此时应喷施赤霉素、防落素、2，4-D，效果明显，喷时要对果面、果梗、蜜盘均匀喷洒。赤霉素有粉剂和水剂 2 种，粉剂为无色结晶粉末、不溶于水，要先用少许酒精或高度白酒溶解后使用，水剂则按指定浓度使用即可。

（3）植物生长调节剂使用浓度及次数　使用植物生长调节剂要严格控制浓度和次数，不能随意增加或减少，当浓度超过 100 毫克／升时，易产生药害。生产上有的果农滥用药物，把 4、5 种植物生长调节剂加入几种叶面肥混合喷施，有的则从现蕾开始至幼果膨大期间，每 10 ~ 15 天喷 1 次，持续 2 ~ 3 个月喷植物生长调节剂加叶面肥，多达 5 ~ 6 次，这种做法既浪费，又达不到应有的效果。如用赤霉素每克加水 10 ~ 15 升或 2，4-D 每克加水 50 ~ 80 升，连续使用多次。多种植物生长调节剂加叶面肥混合使用，容易刺激果皮变粗、变厚。

正确的使用方法是：赤霉素每克加水 30 ~ 50 升、2，4-D 每克加水 200 ~ 300 升，5% 芸薹素内酯与细胞分裂素用 1000 倍液，复硝酚钠用 3 000 倍液，使用 2 ~ 3 次为宜。植物生长调节剂最多同时用 2 种，不能超出 3 种，叶面肥加 1 ~ 2 种即可。

　　7. 控制夏秋梢　目的是平衡营养生长与生殖生长，因为花量多、春梢多，营养生长旺盛，花果与新梢争夺养分，营养生长与生殖生长失调，导致落花落果。沙糖橘、春甜橘、W·默科特在谢花 30 ~ 40 天后开始萌发夏梢。为防止大量夏梢抽出消耗养分而引起落果，必须抹掉夏梢。第一，控制施肥量。4 ~ 6 月份，对树势健壮的树，可以少施肥或不施肥，特别是控制施用氮肥等，可避免或减少夏梢抽发；第二，人工抹梢。由于沙糖橘、春甜橘、W·默科特夏梢萌发力强，当夏梢长 3 ~ 4 厘米时要及时抹除过多过密的嫩梢，每隔 7 ~ 10 天抹 1 次，一直抹到 7 月中下旬为止；第三，以果控梢。沙糖橘、春甜橘可以通过合理施肥、保果、环割等措施，增加结果量，使树体绝大部分养分集中供应果实生长发育的需要，从而控制夏梢数量，达到以果控梢的目的。对于以果控梢的树，要在放秋梢前 10 ~ 20 天，适当疏去树冠中上部过多的果实，尤其要疏掉树冠中上部的单顶果、大型果、畸形果和病虫果，确保能放出充实健壮的秋梢；第四，以梢控梢。在夏梢萌发时对树冠顶部不结果的枝条留一部分夏梢任其生长，消耗树体部分养分，减少夏梢萌发的数量，从而达到控梢目的；第五，药物控梢。可选用青鲜素、多效唑等药物控制沙糖橘、春甜橘夏梢的生长，其效果各有特点，一般喷 1 次可控梢 30 天左右，能有效抑制夏梢的生长。但使用药物控梢，要了解不同厂家药物的使用注意事项，一定要先试后用，严格控制使用浓度，以免引起药害，造成不必要的损失。

　　另外，秋梢抽出太早或太多时，也会导致大量落果（图5-38），造成不必要的损失，因此，对树势较旺、结果不太多而又容易抽出新梢的树，为避免因抽出太多的秋梢造成落果，在 6 ~ 7 月份施肥时宜严格控制施肥量和施肥次数，最好不施用氮肥，仅以适当的叶面肥补充即可。

图 5-38 过早放秋梢引起
沙糖橘大量落果

8. 环割保果　　在花期、幼果期进行主干或主枝环割，保果效果明显。通过环割暂时阻断树体光合产物向根系输送，增加叶片光合产物的积累和幼果的养分供应，从而起到保果的作用。环割保果技术主要用于沙糖橘、春甜橘和明柳甜橘。

（1）环割的时间　　在春梢转绿前进行环割会影响老叶片光合产物向根系输送，限制根系吸收养分，推迟春梢老熟时间。因此，环割应在春梢转绿后至老熟前进行。同时，要根据当年树的结果量、天气、生长势强弱而定，如花量不多可在盛花期环割，花量多则在谢花后环割。

（2）环割的方法　　用环割专用刀、电工刀或其他锋利的刀具，在主干或主枝上的光滑处环状割 1 ~ 2 圈（图 5-39，图5-40），环割深度以割断韧皮部不伤及木质部为度，在主干上环割，宜在离地面 20 厘米以上的部位进行，以免环割伤口受感染而腐烂。

（3）环割的次数　　环割保果次数要严格掌握。有些果农在谢花后即进行环割，每隔 10 ~ 15 天割 1 次，在第一次环割口还未愈合时又进行第二次环割，直至第二次生理落果后的幼果期连续

图 5-39 沙糖橘主干环割

环割 4 ~ 5 次，这样环割过早、次数过多，容易造成春梢难转绿，结果量过多，树势早衰，出现大小年结果现象。所以，正确掌握环割次数十分重要。合理的环割次数一般是 1 ~ 2 次：在生理落果前 10 天，春梢大部分转绿时开始环割 1 次（图 5-41），15 ~ 20 天后再环割 1 次。对初结果树和生长旺盛的树可在 5 月底至 6 月初再环割 1 次。

图 5-40 沙糖橘主干主枝环割

图 5-41 春甜橘环割保果

有的果农采用 2 ～ 3 毫米宽的环剥刀环剥 1 次（图 5-42），效果很好，但对长势弱及出现衰退黄化的树不宜进行环割和环剥，否则，容易导致叶片黄化甚至严重落叶，树势严重衰退的后果（图 5-43，图 5-44）。因此，一般情况下不宜进行环剥。如果确实因树势太旺，或生理落果期遇到长期阴雨少光照需要进行环剥的话，则要注意只对生长健壮的树进行环剥，并控制剥口的宽度与深度，其宽度以 2 ～ 3 毫米、深度以刚达木质部为宜，如宽度过大，应及时用塑料薄膜进行包扎保护，促进剥口及时愈合（图 5-45）。

图 5-42　主干环剥 2 ～ 3 毫米宽

图 5-43　环剥过宽导致剥口不愈合造成落叶

图 5-44　环剥过重导致叶片黄化、树势衰弱

图 5-45　沙糖橘环剥保果后用塑料薄膜捆绑环割口

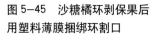

第六章　避雨避寒栽培技术

一、覆盖薄膜的时期

不同品种开始覆盖薄膜的时间有所不同，但大致都在低温霜冻到来前的 11 月下旬至 12 月上旬间开始盖膜。盖膜过早，会因气温仍然较高容易导致叶片和果实被灼伤（图 6-1），既影响产量，又影响枝梢，还需花费大量人工将薄膜掀开，以通风降温；盖膜太迟，又可能会遭受 12 月上中旬的低温霜冻的危害。因此，具体的盖膜时间要因地制宜，根据当地的气温、往年的经验特别是气象部门的长期天气预报来确定，总之，宜早不宜迟，尽量做到既不过早导致树冠顶部的果实和枝梢灼伤，又不过迟遭受霜冻的危害。

图 6-1　盖膜过早致金柑枝叶和果实灼伤

二、覆盖薄膜前的准备工作

（一）覆膜材料准备

在 10 月上中旬果实着色前准备好搭架用的木条、竹子和薄膜，提前在果园立好桩子，固定拱架，备好薄膜、塑料绳等所需材料。在经济条件允许的情况下，可考虑一次性购买热镀锌钢管或自己浇铸的钢筋混凝土柱子作为搭架用的柱子、拱杆材料，以免除常年的搭架、拆架之麻烦。

（二）覆盖时间

对金柑、滑皮金柑而言，可在 11 月中下旬，在果实进入着色期开始盖膜，最好待这一时期的第一次降雨后盖膜；而对沙糖橘、春甜橘、明柳甜橘、茂谷柑、W·默科特、晚熟脐橙和夏橙来说，盖膜时间可适当推迟至 11 月下旬至 12 月初。

（三）覆盖薄膜的规格

可选用厚度为 0.06 ~ 0.08 毫米的白色或蓝色无滴大棚膜作为树冠覆盖的薄膜，膜的宽度视树冠大小而定，树冠小的树使用单幅膜，树冠大的树使用双幅膜。

（四）盖膜前的施肥

采用避雨避寒栽培的品种，在盖膜前趁雨后在树的两侧挖深20 ~ 30 厘米、宽 30 ~ 40 厘米的长方形沟，视树的大小，株施已腐熟的牛粪、猪粪 10 ~ 20 千克、花生麸 0.5 ~ 1 千克、钙镁磷肥 0.5 ~ 1.5 千克，施后及时覆土。施肥时间，金柑在 9 月下旬前，其他品种可推迟至 11 月中旬。

（五）覆盖前病虫害的防治

在盖膜前 2 ~ 3 天，进行一次病虫害的综合防治。药剂可选用 5%噻螨酮乳油 1 500 倍液，或 20%四螨嗪可湿性粉剂 1 500 倍液，或 73%克螨特乳油 2 000 倍液和 25%咪鲜胺乳油 500 ~ 1 000倍混合液喷雾防治。

三、覆盖薄膜的架式

1. **直接覆盖**　直接将塑料薄膜盖到树冠上（图 6-2 至图 6-4）。这种覆盖方式常用于幼龄果园或树冠高大的老果园。优点：经济、简易、省工省料。缺点：顶部枝叶、果实容易因高温灼伤，膜易被刺破，不抗风，不方便采果与喷药。

图 6-2　沙糖橘直接盖膜

图 6-3　金柑直接盖膜

图 6-4　春甜橘直接盖膜

2. **倒 U 形拱架式覆盖**　沿行向搭成倒 U 形拱架，再将塑料薄膜盖到倒 U 形拱架上（图 6-5 至图 6-7）。适用于平地果园。优点：不伤果及枝叶，比较牢固，抗风，采果、喷药较方便。缺点：费材、费工。

图 6-5　金柑倒 U 形竹拱架

图 6-6　金柑倒 U 形钢拱架

图 6-7　沙糖橘倒 U 形拱架式覆盖

3. **倒 V 形架式覆盖**　沿行向搭成倒 V 形架，再将塑料薄膜盖到倒 V 形架上（图 6-8）。常用于树冠比较矮小的果园。优点：较省工。缺点：抗风能力较差。

4. **拱棚式覆盖**　沿行向每两行搭一座拱棚，再将塑料薄膜盖到拱棚上（图 6-9，图 6-10）。适用于平地果园。优点：相当牢固，抗风雪，不但能避雨，还能保温，方便采果与喷药。缺点：费工费材，成本较高，不适用于树冠高大的老果园。

图 6-8　春甜橘倒 V 形盖膜

图 6-9　拱棚式棚架

图 6-10　金柑拱棚式盖膜

5. 单株拱棚式覆盖　依树冠大小、高矮，每株选用竹片3～4片，竹片交叉于树冠顶部固定。两端绑缚在树冠投影外缘的木桩上，呈拱罩形骨架，再在拱架上覆盖薄膜。适用于种植不规则或地势变化大的果园。优点：牢固，抗风雪。缺点：不适用于树冠高大的老果园（图6-11）。

图6-11　沙糖橘单株拱棚式覆盖

四、覆盖薄膜的技术

（一）直接覆盖

沿行向直接将薄膜盖到树冠上，树冠下部不用盖膜，膜的长度、宽度以基本能将整行树冠覆盖完为宜，膜的四个角用塑料绳绑扎后固定在行间的木桩或竹桩上，其他地方每隔2～3米用塑料绳拉紧压住薄膜，两侧分别固定在行间的另一行的木桩或竹桩或树干上（图6-12，图6-13）。

图6-12　沙糖橘直接盖膜

图 6-13　春甜橘直接盖膜

（二）倒 U 形拱架式覆盖

先沿行向在两行间的空地每隔 3 米左右在外一行树冠的两侧，各打一个高出地面约 20 厘米的木桩或竹桩，再选若干长竹片，做成倒 U 形，两端绑缚在桩上，再在拱形架上覆盖薄膜；也可沿行向每隔 3 米左右在株间或树冠中间紧靠主干立 1 根高出树冠顶部约 20 厘米的支柱，沿行向的各条支柱之间可用细长光滑的竹条连接。在每条支柱两侧的行间空地上各打一个高出地面 20 厘米左右的木桩或竹桩，选若干长竹片，做成倒 U 形，在每条支柱处从竹条上垂直跨过竹条，拱形竹片的两端绑缚在行间的木桩或竹桩上，再在拱形架上覆盖薄膜。薄膜的长度、宽度以基本能将整行树覆盖完为宜，膜的四个角用塑料绳绑扎后固定在行间的木桩或竹桩上，其他地方每隔 2 ~ 3 米用塑料绳拉紧压住薄膜，两侧分别固定在木或竹桩上（图 6-14，图 6-15）。

图 6-14　金柑倒 U 形盖膜

图 6-15　金柑倒 U 形盖膜方法

（三）倒 V 形架式覆盖

　　沿支柱顶部架一光滑的长条竹或拉一条 8 号以上的铁丝并绑扎牢固，将薄膜覆盖在架上，薄膜的四个角及中间每隔 2 ～ 3 米长在两侧用塑料拉绳固定在行间的木桩或竹桩上，使膜呈倒 V 形（图6-16 至图 6-19）。

图 6-16　沙糖橘倒 V 形盖膜

图 6-17　春甜橘倒 V 形盖膜

图 6-18　金柑倒 V 形盖膜

图 6-19　春甜橘倒 V 形盖膜棚内情况

（四）拱棚式覆盖

　　沿行向每 2 行树用一座钢架拱形大棚或竹片搭成的拱形大棚搭架，架上再覆盖塑料薄膜。大棚的宽度约 6 米，长度依行长而定，棚肩高 2 米左右，棚顶高出树冠顶部 50 厘米以上，棚拱形骨架的间距 2 ～ 3 米。盖膜后沿大棚纵向连接管的上方用压膜绳将薄膜压紧（图 6-20，图 6-21）。

图 6-20　沙糖橘拱棚式盖膜

图 6-21 金柑拱棚式盖膜

（五）单株拱棚式覆盖

首先在每株树冠投影外缘打 3 ~ 4 个高出地面 20 厘米的木桩或竹桩，然后依树冠大小、高矮，每株选用竹片 3 ~ 4 片，竹片交叉于树冠顶部固定。两端绑缚在树冠投影外缘的木桩上，呈拱罩形骨架，再在拱架上覆盖薄膜（图 6-22）。

图 6-22 春甜橘单株拱棚式盖膜

不管采用哪一种方式盖膜，都要注意在盖膜前选择的薄膜宽度要合适，尽量将果实盖在膜内，以免果实露在膜外受霜冻、大风等的危害（6-23）；如果树冠太大，使用最宽的薄膜都难以盖住果实时，可以用绳子将薄膜的两侧尽量往外拉伸，尽最大限度盖住果实（图6-24）。

图6-23 裸露在外的沙糖橘果实（右下）遇霜冻时果皮褐变

图6-24 大型树冠的盖膜方法

五、覆膜期间的管理

（一）预防高温灼伤枝叶和果实

在树冠覆盖薄膜后，若出现晴天高温（气温≥28℃）天气，采用直接覆膜或单株拱棚式覆盖架式的果园，要及时将所盖薄膜揭开，待高温天气过后再将薄膜重新盖上。采用其他方式覆盖的应将每行树两端的薄膜掀起通风降温，待高温天气过后再将薄膜重新盖好。

（二）防大风与霜雪

在盖膜期间遇到大风天气时，应在大风过后，及时检查所盖薄膜是否被大风吹开或吹破，若有这种情况则要及时补好或盖好

被风吹破、掀开的薄膜；遇到降雪特别是大雪时，应及时将薄膜上的积雪除掉（图6-25），以免积雪过厚过重压垮棚架、损坏薄膜，并尽快将薄膜压破处补好或用新薄膜另外覆盖。

图6-25　及时抖落薄膜上的积雪

（三）及时防治病虫害

如果盖膜前的喷药均匀到位，盖膜期间一般不会再发生病虫危害。偶尔危害的主要是柑橘红蜘蛛，可在每叶成螨数量达5头左右时，用99%绿颖机油乳剂120～150倍液等有效药剂均匀喷雾防治。

六、果实采收时期

果实成熟后，依据市场价格、天气和需求，分级分批人工采摘，直至采收完毕。一般而言，金柑和滑皮金柑可在11月下旬开始采收，直至翌年3月份结束。

沙糖橘的采收时间因年份、产地、天气和价格而异,如果价格较高,则在广东、广西南部,因成熟较早且期间气温仍较高,所以,可从12月中下旬开始采收,持续至翌年的1~2月上旬。采收过迟,一是导致果实成熟度过高,不利于运输,二是在一定程度上影响树势的恢复,进而影响翌年的花量和产量;而在粤北山区及桂北的阳朔、临桂、永福和荔浦等县及桂西南,因果实成熟较晚而且期间气温较低,果实留在树上不像在广东、广西南部那样容易过熟,所以,采收时间可推迟至1月中旬至2月中下旬,最理想的采收时间一般是在1月下旬至2月底,因为这时其他产地的沙糖橘大部分已经销售完毕,市场供应量在逐步减少,更重要的是传统佳节即春节往往都在2月上中旬,节日消费高峰期间的价格往往明显高于其他时期。

七、采果后的管理

(一)及时拆除薄膜或棚架

果实全部采收后,及时将薄膜拆下卷好放室内存放,留翌年再次使用。棚架是否拆除视所用材料及使用年限而定。采用钢筋混凝土和钢管搭建的棚架属于永久式棚架,无需拆除;采用竹、木搭建的棚架,考虑到雨淋日晒容易老化损坏,在劳力允许的情况下,可将横跨行向的竹片拆除存放即可。

(二)施 肥

一般在2~3月份果实采收完毕,此时沙糖橘、春甜橘、明柳甜橘、茂谷柑、W·默科特、晚熟脐橙等品种已开始萌芽,而树体经过一个冬季的挂果后,营养消耗未能得到很好的补充。因此,采果后要及时施一次速效的氮磷钾肥,如三元复合肥、腐熟的麸水或沼液或人畜粪尿加尿素,以恢复树势,利于春梢萌发及开花结果。

（三）修　剪

一是剪除枯枝、病虫枝、贴近土壤的下垂枝；二是适当短剪结果枝、落花落果枝、弱枝、衰老枝、徒长枝等；三是疏剪树冠内膛、树冠中上部或株间、行间的密生枝、交叉枝，以改善果园及树冠内膛的通风透光条件。

（四）防治病虫害

采果后，注意防治柑橘红蜘蛛、蚜虫、木虱和煤烟病等病虫害，如虫口密度较大，就要及时喷杀，以防危害春梢，如果虫口或病情轻，则可以待春梢转绿期间结合喷施叶面肥时再用药。

第七章 病虫害防治

一、虫害防治

（一）柑橘红蜘蛛

又称柑橘全爪螨、瘤皮红蜘蛛、柑橘红叶螨（图7-1）等。

图7-1 柑橘红蜘蛛成虫

【**危害症状**】 红蜘蛛可危害叶片、果实及新梢，以刺吸转绿的新梢叶片较严重，吸食叶片后，叶片呈花点失绿，没有光泽，呈灰白色，严重时造成落叶、影响树势及产量。果实受害严重时果皮灰白色，失去光泽，不耐贮藏（图7-2）。春季危害严重，夏季如高温多雨，对红蜘蛛的生存、繁殖不利，发生较轻；而秋冬季如遇温

图7-2 红蜘蛛危害沙糖橘果实状

暖干旱，则危害非常严重。

【**发生规律**】 1年可发生15～24代，田间世代重叠，其发生代数与气温的关系密切。一般在气温达到12℃以上虫口开始增加，20℃时盛发，20～30℃和60%～70%的空气相对湿度是其发育和繁殖的最适宜条件，温度低于10℃或高于30℃时虫口受到抑制。果园常喷波尔多液等含铜制剂，杀灭大量天敌，容易导致该虫大发生。

【**防治方法**】

（1）生物防治 培养天敌。红蜘蛛的天敌很多，如六点蓟马、捕食螨等捕食性昆虫。在果园内选择种植白花臭草、牧草或保留其他非恶性杂草，可调节果园小气候，提供充足的害虫天敌食料，有利于天敌的活动。

（2）化学防治 冬季清园是全年防治红蜘蛛的关键。在采果后至春芽萌发前，先用自制的1波美度左右石硫合剂喷药清园1次，再在修剪病虫枝之后喷1次，效果非常好。也可选用99%绿颖机油乳剂150～200倍液，或99%绿颖机油乳剂200倍液加73%炔螨特乳油2000倍液，连续喷2次。

在春季开花、幼果期可喷施5%噻螨酮（尼索朗）乳油1500倍液、24%螺螨酯（螨危）悬浮剂4000～5000倍液、20%哒螨灵（螨酮）可湿性粉剂2000倍液，其他生长季节可用的药剂有：73%炔螨特（克螨特）乳油1500～2000倍液、99%绿颖机油乳剂200倍液（间隔1周连续喷2次效果较好）、50%苯丁锡（托尔克）可湿性粉剂2000倍液。注意在超过36℃的高温天气忌用炔螨特类、国产机油乳剂，更不能两者混用。

（二）柑橘锈蜘蛛

【**危害症状**】 柑橘锈蜘蛛又称锈壁虱、锈螨（图7-3）。主要危害叶片和果实，以危害果实较严重。叶片受害后，似缺水状向上卷，叶背呈烟熏状黄色或锈褐色，容易脱落；果实受害后流出油脂，被空气氧化后变成黑褐色，称之为"黑皮果"（图 7-4）。6～9月份为危害高峰期，到采果前甚至收果后还会危害。发生早期，果皮似被一层黄色粉状微尘覆盖。虫体不易察觉，待出现黑皮果时，即使杀死虫体，果皮颜色也不会恢复。

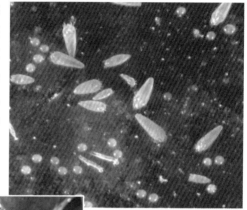

图7-3 放大镜下的锈蜘蛛若虫

图7-4 锈蜘蛛危害春甜橘果实状

【发生规律】 1年发生18～24代，以成螨在柑橘的腋芽、卷叶内或越冬果实的果梗处、萼片下越冬。越冬成螨在春季日均气温上升至15℃左右开始取食危害和产卵等活动，春梢抽发后聚集在叶背主脉两侧危害，5～6月份迁至果面上危害，7～10月份为危害高峰，尤以气温25～31℃时虫口增长迅速，果园常喷布波尔多液等含铜制剂和溴氰菊酯、氯氰菊酯等杀虫剂，杀灭大量天敌，容易导致该虫大发生。

【防治方法】

（1）冬季清园 结合清园，修剪病虫枝，防止果园过度荫蔽，选用自制 1 波美度左右石硫合剂喷药清园。

（2）加强栽培管理　加强肥水管理，增强树势；果园内种草，如白花臭草等，以提高湿度，有利于天敌的繁殖和生存。已知的天敌有 7 种，其中汤普森多毛菌是有效天敌，还有捕食螨、草蛉、蓟马等。

（3）药剂防治　加强监测预报，在幼果或叶片上发现有 2 头虫以上时，应立即喷药，挑有虫的单株及其四周的单株进行喷药防治。广西北部地区一般在 5 月份结合防治炭疽病喷 1 次 80% 代森锰锌（大生 M-45）可湿性粉剂 600～800 倍液，就能达到较好的防治效果。

防治锈蜘蛛的有效农药：80% 代森锰锌可湿性粉剂 600～800 倍液、99% 绿颖机油乳剂 200 倍液、50% 苯丁锡可湿性粉剂 1 500～1 800 倍液、0.3% 印楝素（绿晶）1 000 倍液、1.8% 阿维菌素乳油 3 000～4 000 倍液等。

（三）柑橘潜叶蛾

又称绘图虫、鬼画符、潜叶虫（图 7-5），是柑橘新梢的主要害虫之一。

【危害症状】　成虫在刚萌动的新梢上产卵，数天内幼虫潜入嫩叶表皮下取食叶肉，形成具有保护层的隧道，使叶片卷曲，硬化变小，甚至落叶（图 7-6，图 7-7）；幼果受害

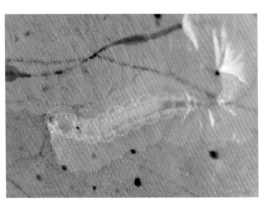

图 7-5　柑橘潜叶蛾幼虫

果皮留下伤痕。枝叶受害后的伤口是其他病菌侵染的途径，也是螨类等害虫越冬场所。

图7-6　潜叶蛾危害后的新梢

图7-7　潜叶蛾危害
春甜橘状

【发生规律】　在华南地区1年发生15～16代，以蛹及少数老熟幼虫在叶片边缘卷曲处越冬。田间世代重叠明显，各代历期随温度变化而异。气温27～29℃时，完成1个世代需13.5～15.6天；平均气温为16.6℃时需42天。田间5月份就可见到危害，但以7～9月份夏、秋梢抽发期危害最严重。

【防治方法】

（1）抹芽控梢　幼龄园应抹芽控梢，最大限度地消灭其虫口基数，切断其嫩梢食料来源，做到统一放梢，集中喷药。

（2）药物防治　要认真做好喷药保梢工作，一般在夏、秋梢的嫩芽长到半粒米到1粒米长时喷第一次药，以后每隔5～7天喷 1 次，到新梢自剪时停止用药，每次梢期用药 2 ～ 3 次。可选用 3% 啶虫脒乳油 1 500 ～ 2 000 倍液、10% 吡虫啉可湿性粉剂 2 000 倍液、24% 灭多威（万灵）水剂 1 200 ～ 1 500 倍液、25% 杀虫双水剂 400 ～ 600 倍液、20% 叶蝉散 500 ～ 800 倍液、1.8% 阿维菌素乳油 3 000 ～ 4 000 倍液、10% 氯氰菊酯乳油 3 000 ～ 4 000 倍液。

（四）柑橘木虱

分为亚洲木虱和非洲木虱 2 种。我国和亚洲各国柑橘产区多为亚洲木虱（图 7-8）。主要危害芸香科植物，柑橘属受害最重，黄皮、九里香等次之。

图 7-8　柑橘木虱成虫

【危害症状】　柑橘木虱以成虫在嫩芽产卵和吸食汁液（图 7-9），使叶片扭曲畸形，严重时新芽凋萎枯死。还排出白色蜡状排泄物，黏湿枝叶，诱发煤烟病。木虱是传播柑橘黄龙病的媒介昆虫。在柑橘黄龙病疫区应把其作为重要害虫进行防治。

图 7-9　柑橘木虱危害嫩叶

【**发生规律**】　在周年有嫩梢的情况下，1 年可发生 11 ~ 14 代，其发生代数与柑橘抽发新梢次数有关，每代历期长短与气温有关。田间世代重叠。成虫产卵于露芽后的芽叶缝隙处，没有嫩芽不产卵。初孵的若虫吸取嫩芽汁液并在其上发育成长，直至 5 龄。成虫停息时尾部翘起，与停息面呈 45°角。在没有嫩芽时，停息在老叶的正面和背面。在 8℃以下时，成虫静止不动，14℃时可飞能跳，18℃时开始产卵繁殖。在一年中，秋梢受害最重，其次是夏梢，10 月中旬至 11 月上旬常有 1 次迟秋梢，木虱会发生 1 次高峰。连续阴雨天，会使木虱虫口大量减少。柑橘木虱对极端温度有较高的耐性，自然条件下，−3℃ 24 小时后其成活率为 45%。

【**防治方法**】

①消除果园周围的寄主植物，如黄皮、九里香等。

②冬季清园。冬季木虱越冬成虫活动能力差，停留在叶背，清园时喷布有效杀虫剂是防治柑橘木虱的关键措施。

③抹芽控梢，统一放梢。在枝梢抽发时，采取抹除零星芽、集中放梢的方法统一放梢，统一喷药防治，可显著减轻其危害。

④营造防风林带，以阻隔木虱飞迁和传播。

⑤药剂防治。防治时期是采果后、挖除黄龙病株前及春夏秋冬梢抽发期，重点是采果后和春夏秋梢抽发期，采取连片统一围歼的方法来喷药。每次新梢抽发期喷 2 次药，每次间隔 5 ~ 7 天。药剂可选用 20% 吡虫啉（哒虱威）乳油 1 000 倍液、20% 甲氰菊酯乳油 1 000 倍液、4.5% 高效氯氰菊酯乳油 1 000 倍液等。

（五）蚧　类

【**危害症状**】　在柑橘上危害较多的蚧类主要有糠片蚧、矢尖蚧、黑点蚧、褐圆蚧等。蚧类既危害叶片，又危害枝干和果实，有的甚至危害根群。介壳虫往往是雄性有翅，能飞；雌虫一经羽化，终生寄居在枝叶造成叶片发黄、枝梢枯萎、树势衰退，且易诱发

煤烟病。在果实上危害造成果面斑点累累，品质下降，甚至引起落果（图7-10）。

图 7-10　矢尖蚧危害沙糖橘果实

【发生规律】　盾蚧类大多以成虫和老熟幼蚧越冬，第二年春天来临时，雌成虫产卵于介壳下方，雌成虫产卵期较长，可达 2 ～ 8 周。卵不规则堆积于介壳之下，经几小时或若干天后孵化为若虫。刚孵出的若虫为可以到处爬行的初孵若虫，初孵若虫爬出母壳后移到新梢、嫩叶或果实上固定取食。蚧类的成虫和 2 龄以后长出介壳的若虫都难以用药防治，其蜡质介壳难以被药剂穿透。1 龄若虫未长出介壳，便于药剂穿透和防治，此期是防治的最佳时机，其 1 龄若虫大致发生时间如下：

褐圆蚧：1 年发生 4 代，幼蚧盛发期大约为每年的 5 月中旬、7 月中旬、8 ～ 9 月、10 月下旬至 11 月中旬，各虫期不整齐，世代重叠。

矢尖蚧：1 年发生 2 ～ 3 代，初孵若虫常出现于每年的 5 月中下旬、7 月中旬、9 月上中旬，一般情况下，各虫期的发生比较整齐而有规律。

糠片蚧：1 年发生 3 ～ 4 代，初孵若虫可见于 4 ～ 6 月、6 ～ 7 月、7 ～ 9 月和 10 月份以后。最大量的初孵若虫发生期为 7 月下旬至 10 月，尤以 9 月份为高峰。

黑点蚧：1 年发生 3 ～ 4 代，1 龄若虫全年均有发生，一般分别于 7 月中旬、9 月中旬、10 月中旬出现高峰。

【防治方法】

（1）加强栽培管理　搞好肥水管理，增强树势；盛果期后注意修剪，防止果园荫蔽，并把剪下的寄生介壳虫的阴枝和内膛枝烧毁，最大限度地减少虫口基数。

（2）保护天敌　吹绵蚧的天敌有澳洲瓢虫、大红瓢虫等，可人工放养。黄金蚜小蜂是褐圆蚧、矢尖蚧、糠片蚧的天敌，寄生率可达 70% 以上。

（3）冬季清园　结合清园，修剪病虫枝，集中烧毁；防止果园过度荫蔽。选用自制 1 波美度左右石硫合剂喷药清园，也可用99% 绿颖机油乳剂 150 ～ 200 倍液清园。

（4）药物防治　根据各种介壳虫和最佳防治虫龄及发生高峰期，抓住关键时期施药，重点应掌握在 1 ～ 2 龄若虫盛发期进行，尤其应抓好对第一代 1 ～ 2 龄若虫的防治。可选用 48% 毒死蜱（乐斯本）乳油 800 ～ 1000 倍液、25% 喹硫磷（快克）乳油 1000 倍液、50% 杀螟硫磷乳油 1000 倍液。喷雾时务必全树喷匀，喷湿树冠阴枝与叶背，注意害虫集中的地方一定要精心喷杀。

（六）粉虱类

危害柑橘的粉虱主要有黑刺粉虱和白粉虱。黑刺粉虱又名橘刺粉虱，白粉虱又名橘黄粉虱。

【危害症状】　主要以成虫、幼虫聚集叶片背面刺吸汁液（图 7-11），形成黄斑，并分泌蜜露诱发煤烟病，使植株枝叶发黑，树体变弱，果实生长缓慢，品质变差。

图 7-11　柑橘白粉虱危害新梢

【发生规律】

（1）白粉虱　白粉虱以高龄幼虫及少数蛹固定在叶片背面越冬。因各地温度不同，1 年发生代数不同，华南温暖地区 1 年发生 5 ～ 6 代，各代若虫分别寄生在春、夏、秋梢嫩叶的背面危害。卵产于叶背面，每头雌成虫能产卵 125 粒左右；有孤雌生殖现象，所生后代均为雄虫。

（2）黑刺粉虱　见图 7-12。1 年发生 4 ～ 5 代，以 2 ～ 3 龄幼虫在叶背越冬。田间世代重叠。5 ～ 6 月、6 月下旬至 7 月中旬、8 月上旬至 9 月上旬、10 月下旬至 11 月下旬是各代 1 ～ 2 龄幼虫的盛发期，也是药物防治的最佳时期。成虫多在早晨露水未干时羽化，初羽化时喜欢荫蔽的环境，白天常在树冠内幼嫩的枝叶上活动，有趋光性，可借风力传播到远方。羽化后 2 ～ 3 天便可交尾产卵，多产在叶背，散生或密集成圆弧形。幼虫孵化后作短距离爬行吸食。蜕皮后将皮留在体背上，一生共蜕皮 3 次，每蜕一次皮均将上一次蜕的皮往上推而留于体背上。

图 7-12　柑橘黑刺粉虱
（欧善生提供）

【防治方法】

（1）利用天敌防治　粉虱类的天敌有红点唇瓢虫、草蛉、粉虱细蜂、黄色跳小蜂、粉虱座壳孢。可采集已被粉虱座壳孢寄生的枝叶散放到柑橘粉虱发生的橘树上，或人工喷洒粉虱座壳孢子悬浮液。

（2）加强栽培管理　剪除虫害枝、密生枝，使果园通风透光，加强树势，提高植株抗虫能力。

（3）药物防治　防治关键时期是各代特别是第一代和第二代1～2龄若虫盛发期。药剂可用99%绿颖机油乳剂200倍液加10%吡虫啉可湿性粉剂2000倍液效果较好，也可选用50%马拉硫磷乳油800～1000倍液、25%噻嗪酮（扑虱灵）可湿性粉剂1500～2000倍液、48%毒死蜱乳油1000～2000倍液等。

（七）柑橘花蕾蛆

又称柑橘蕾瘿蚊，幼虫俗称花蛆。

【危害症状】　成虫在花蕾直径2～3毫米时，即将卵从其顶端产于花蕾中，幼虫在花蕾内蛀食，致使花瓣白中夹带绿点，受害花畸形肿胀，俗称"灯笼花"（图7-13），不能开花结果，严重影响产量。

图7-13　柑橘花蕾蛆危害后的蓓蕾（花瓣浅绿色）

【发生规律】　1年发生1代，以幼虫在树冠下的浅土层中越冬，每年的3月上中旬开始化蛹，3月中下旬出土，羽化后1～2天即开始交尾产卵，卵期3～4天，4月上中旬为幼虫盛发期，4月中下旬幼虫开始脱蕾入土休眠，直到翌年化蛹。花蕾蛆羽化上树的产卵期为柑橘花朵的露白期。

【防治方法】

（1）物理防治　在成虫出土前进行地面覆盖，可使成虫闷死于地表。

（2）化学防治　地面撒药，掌握在花蕾2毫米左右由绿转白阶段、成虫羽化出土前5～7天撒药，每667米^{2}用50%辛硫磷颗粒0.5千克拌土撒施，或者用80%敌敌畏乳油1 000倍液和90%晶体敌百虫800倍混合液、20%氰戊菊酯乳油2 500～3 000倍液、25%溴氰菊酯乳油3 000～5 000倍液等喷洒1～2次；成虫已出土至产卵前，一般在现蕾期用25%氯氟氰菊酯（功夫）乳油3 000～5 000倍液、20%氯氰菊酯乳油3 000～5 000倍液、80%敌敌畏乳油1 000倍液喷洒树冠1～2次。

（八）柑橘蚜虫类

主要有棉蚜、橘蚜（图7-14）、绣线菊蚜、橘二叉蚜。它们都是传播柑橘衰退病的媒介昆虫。

图7-14　橘　蚜

【危害症状】　蚜虫以成虫和若虫吸食嫩梢、嫩叶、花蕾及花的汁液（图7-15），使叶片卷曲，叶面皱缩、凹凸不平不能正常伸展。受害新梢枯萎，花果脱落。蚜虫排出的蜜露还诱发煤烟病，并招来蚂蚁取食而驱走天敌。

图7-15　绣线菊蚜危害沙糖橘状

【发生规律】

（1）棉蚜 1年发生20～30代，以卵在枝条基部越冬。翌年3月份卵开始孵化，气温升至12℃以上开始繁殖。在早春和晚秋19～20天完成1代，夏季4～5天完成1代。繁殖的最适温度为16～22℃。

（2）橘蚜 1年发生10～20代，以卵或成虫越冬。3月下旬至4月上旬越冬孵化为无翅若蚜危害春梢嫩枝、叶，若蚜成熟后便胎生幼蚜，虫口急剧增加，于春梢成熟前达到危害高峰。繁殖最适温度24～27℃，高温久雨死亡率高、寿命短，低温也不利于该虫的发生。

（3）绣线菊蚜 全年均有发生，1年发生20代左右，以卵在寄主枝条裂缝、芽苞附近越冬。4～6月份危害春梢并于早夏梢形成高峰，虫口密度以5～6月份最大，9～10月份形成第二次高峰，危害秋梢和晚秋梢。

（4）橘二叉蚜 1年发生10余代，以无翅雌蚜或老若虫越冬。翌年3～4月开始取食新梢和嫩叶，以春末夏初和秋天繁殖多、危害重。多行孤雌生殖。最适宜温度为25℃左右。一般为无翅型，当叶片老化食料缺乏或虫口密度过大时，便产生有翅蚜迁飞他处取食。

【防治方法】

（1）黄板诱蚜 有翅成蚜对黄色、橙黄色有较强的趋性，可在黄板上涂抹10号机油、凡士林等诱杀。黄板插或挂于田间，诱满蚜虫后要及时更换。

（2）加强栽培管理 冬季结合清园，剪除有虫枯枝，减少越冬虫口。在生长季节抹除抽生不整齐的新梢，统一放梢。

（3）保护和利用天敌 蚜虫的天敌种类很多，如瓢虫、草蛉、食蚜蝇、寄生蜂、寄生菌等，注意合理用药，保护天敌。

（4）药剂防治 药剂可选用10%吡虫啉可湿性粉剂1 500～2 000倍液、40%毒死蜱乳油1 000倍液、50%马拉硫磷乳油1 000

倍液、25% 吡虫啉·辛硫磷（蚜虱绝）乳油 2 000 ～ 3 000 倍液。

（九）蓟 马

【**危害症状**】 蓟马以成虫、若虫（图 7-16）吸食嫩叶、嫩梢和幼果的汁液，金柑尤以第一批果实受害严重。幼果受害后表皮油胞破裂，逐渐失水干缩，呈现不同形状的木栓化银白色斑痕（图 7-17），斑痕随着果实膨大而扩大（图 7-18）。嫩叶受害后，叶片变薄，中脉两侧出现灰白色或灰褐色条斑，表皮呈灰褐色，受害严重时叶片扭曲变形，生长势衰弱。

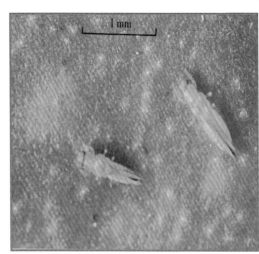

图 7-16　蓟马幼虫

图 7-17　蓟马危害幼果造成果皮形成的斑痕

图 7-18 蓟马危害后的
成熟果实

【发生规律】 1 年发生 7 ～ 8 代，以卵在秋梢新叶组织内越冬。翌年 3 ～ 4 月份越冬卵孵化为幼虫，在嫩梢和幼果上取食。田间 4 ～ 10 月份均可见，但以谢花后至幼果期危害最重。第一、第二代发生较整齐，也是主要的危害世代，以后各代世代重叠明显。幼虫老熟后在地面或树皮缝隙中化蛹。成虫较活跃，尤以晴天中午活动最盛。秋季当气温降至 17℃以下时便停止发育。

【防治方法】

①开春清除园内枯枝落叶并集中烧毁，以消除越冬虫卵。

②在谢花至幼果期，金柑在第一批花果期，加强检查结合喷叶面肥，药剂防治可选用 20% 甲氰菊酯（灭扫利）乳油或 2.5% 溴氰菊酯乳油 2 000 ～ 3 000 倍液、10% 吡虫啉可湿性粉剂 1 500 倍液、20% 丁硫克百威（好年冬）乳油 1 000 ～ 1 500 倍液防治。

（十）柑橘实蝇

有柑橘大实蝇和柑橘小实蝇 2 种。

【危害症状】 以成虫（图 7-19）产卵于果实内，幼虫危害果实（图 7-20 至图 7-22），使果实腐烂并造成大量落果（图 7-23）。

【发生规律】

（1）柑橘大实蝇 在四川、湖北、贵州等地 1 年发生 1 代，以蛹在柑橘园土中越冬，于翌年 4 月下旬至 5 月上中旬羽化出土，6 月上旬至 7 月中旬交尾产卵，产卵时，雌虫将产卵管刺入果皮，每孔产卵数粒。卵期 1 个月左右，于 7 ~ 9 月份孵化为幼虫，10 月中旬至 11 月上中旬幼虫脱果入土化蛹越冬。主要传播途径为人为携带虫果和带土苗木。

图 7-19　柑橘小实蝇雌成虫（全金成提供）

图 7-20　柑橘小实蝇危害金柑果实虫口

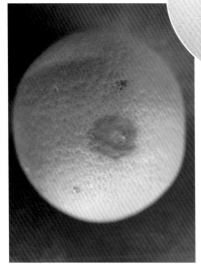

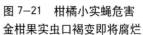

图 7-21　柑橘小实蝇危害金柑果实虫口褐变即将腐烂

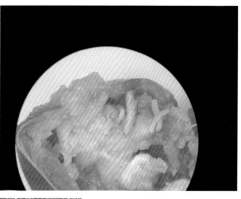

图 7-22　柑橘小实蝇若虫

图 7-23　柑橘小实蝇危害造成金柑果实落果

（2）柑橘小实蝇　1 年发生 3～5 代，无严格越冬现象，发生极不整齐，成虫羽化后需要经历较长时间的补充营养（夏季 10～20 天，秋季 25～30 天，冬季 3～4 个月）才能交尾产卵，卵产于将近成熟的果皮内。卵期夏秋季 1～2 天，冬季 3～6 天。幼虫期在夏秋季需 7～12 天，冬季 13～20 天。老熟后脱果入土化蛹，蛹期夏秋季 8～14 天，冬季 15～20 天。

【防治方法】

①加强检疫。严禁从疫区内调运带虫的果实、种子和带土苗木。

②在 8 月下旬至 11 月，摘除未熟先黄、黄中带红的被害果和捡拾落地果，放入 50～60 厘米深的坑中，在表面撒一层生石灰后深埋，也可以用石灰水浸泡，杀死果中的卵和幼虫。

③诱杀成虫　在6～8月间柑橘大实蝇、柑橘小实蝇产卵前期，在橘园喷施敌百虫800倍液加3%红糖混合液，诱杀成虫。在幼虫脱果入土盛期和成虫羽化盛期地面喷洒50%辛硫磷乳油800～1 000倍液。同时，可用黄板（图7-24）插或挂于田间，诱杀成虫。

图7-24　用黄板防治柑橘小实蝇

（十一）柑橘地粉蚧

【危害症状】　该虫（图7-25）近几年危害金柑较严重。虫群集于须根特别是新生须根和细根（图7-26）上吸食危害，受害植株须根和新生须根减少，须根根皮糜烂（图7-27），植株受害后上年春梢叶片呈现斑驳状黄化，黄化部分始于叶片基部主脉两侧，并逐渐扩大，在主脉两侧各形成一个大小基本均等的大黄斑，黄斑进一步扩大，终致整张叶片的叶肉部分及侧脉全部黄化，但叶片主脉仍保持绿色（图7-28）。严重时，除当年春梢叶片不黄化外，

图7-25　地粉蚧各虫态

其他叶片都可表现黄化，老叶提早脱落（图7-29），严重影响树体生长与结果，甚至死亡。

图 7-26　柑橘地粉蚧危害根系（全金城提供）

图 7-27　柑橘地粉蚧危害造成根系腐烂（全金城提供）

图 7-28　柑橘地粉蚧危害造成叶片不同程度黄化

图7-29　地粉蚧危害造成落叶

【发生规律】　在福州1年发生3代，主要以若虫和少数成虫越冬。第一代卵盛期在6月上中旬，第二、第三代卵盛期分别在7月下旬至8月上旬和9～10月间，土中若虫和成虫周年可见，各代若虫盛发期为6月、8月和10～11月。各代成虫盛发期为6月下旬至7月、9月中下旬及翌年4～5月。在广西阳朔县，5月下旬是成虫产卵的高峰期，6月下旬是若虫发生的高峰期。该虫详细的生活史有待进一步研究与观察。

【防治方法】

①严格选择育苗地。严禁在金柑园及其他柑橘园内育苗，前茬为金柑的果园也不宜用作柑橘苗圃。

②做好苗木调运的检疫工作，防止传播蔓延危害。

③地粉蚧危害严重的地区，可考虑种植金柑实生苗或本砧嫁接苗。

④化学防治。采用根际施药，施药时间掌握在越冬雌成虫产卵前或在连日大雨后进行。在广西阳朔县，5月中旬是一年中防治该虫的最佳时间。药剂可选用48%毒死蜱乳油600倍液20千克／株，松土后树盘泼浇，或用40%辛硫磷乳油400倍液20千克／株，树盘松土后泼浇。

（十二）油桐尺蠖

【**危害症状**】 主要是以幼虫（图7–30）取食叶片，1龄幼虫取食嫩叶叶肉仅留下表皮层，2～3龄幼虫食叶呈缺刻（图7–31），4龄后以危害老叶为主，整片叶被吃光。

图 7–30　尺蠖幼虫

图 7–31　尺蠖幼虫危害叶片状

【**发生规律**】 在广西1年发生3～4代，以蛹在柑橘园土中越冬，翌年3月下旬陆续羽化出土，幼虫盛发期分别在5月上旬、7月中旬和9月中旬。成虫昼伏夜出，有趋光性和假死性，产卵于柑橘叶背上，初孵幼虫常在树冠顶部的叶尖直立，或吐丝下垂随风飘散危害，幼龄时取食叶肉，残留表皮，大幼虫常在枝杈搭成桥状。老熟幼虫沿树干下爬，多在树干周围 50～60 厘米的浅土中化蛹。

【防治方法】

①结合冬季清园，全园深翻，将越冬蛹挖除，减少越冬基数，是控制柑橘尺蠖的有效措施。尺蠖产卵均在树干及叶片背面，要及时刮除卵块，集中烧毁或深埋。

②化学防治。可选用 20% 氰戊菊酯（速灭杀丁）乳油 1 000倍液、20% 甲氰菊酯（灭扫利）乳油 2 000 倍液、2.5% 溴氰菊酯（敌杀死）3 000～4 000 倍液、90% 敌百虫晶体 600 倍液喷杀。

（十三）天 牛 类

主要有星天牛（图 7-32）、褐天牛（图 7-33）、光盾绿天牛 3 种。

【危害症状】 天牛以成虫啃食树的细枝皮层、幼虫钻蛀危害枝干及根部。星天牛和褐天牛的幼虫蛀害主干、主枝及根部，常环绕树干基部蛀成圈，后钻入主干或主根木质部，使树干、根内部造成许多通道，影响水分、养分的输送，致使叶片黄化，树势衰弱，甚至整株枯死。光盾绿天牛幼虫从枝梢入侵危害，被害枝梢上每隔一段距离有一个圆形孔洞，枝条易被风吹折。

图 7-32 星天牛
（欧善生提供）

图 7-33 褐天牛（欧善生提供）

【发生规律】

（1）星天牛 1 年发生 1 代，幼虫在树干基部或主根内越冬，翌年春化蛹，成虫在 4 月下旬至 5 月上旬开始出现，5～6 月份为羽化盛期。卵多产于离地面 5 厘米以内的树干基部，5 月底至 6 月中旬为产卵盛期。产卵处表面湿润，有树脂泡沫流出。

（2）褐天牛 2 年完成 1 代，幼虫和成虫均可越冬。一般在 7 月上旬以前孵化的幼虫，当年以幼虫在树干蛀道内越冬，翌年 8 月上旬至 10 月上旬化蛹，10 月上旬至 11 月上旬羽化为成虫并在蛹室内越冬，第三年 4 月下旬成虫外出活动；8 月以后孵化的幼虫，则需经历 2 个冬天，到第三年 5～6 月才化蛹，8 月以后才外出活动。成虫出洞后在上半夜活动最盛，白天多潜伏在树洞内，一年中在 4～9 月份均有成虫外出活动和产卵，以 4～6 月份最多，幼虫大多在 5～7 月份孵化。幼虫孵化后先在卵壳附近皮层下横向取食，7～20 天后，开始蛀食木质部，并产生虫粪和木屑，同时在树干上产生气孔与外界相通，后幼虫老熟并化蛹。

（3）光盾绿天牛 1 年发生 1 代，以幼虫在树枝木质部内越冬。4 月下旬至 5 月下旬为化蛹盛期，成虫于 5～6 月间出现，5 月下旬至6月中下旬为盛期，虫卵多产于嫩枝的分叉处、叶柄和叶腋内，每处1粒。6月上中旬开始孵化幼虫，孵化后咬破卵壳底层，保留上层卵壳掩盖虫体，经6～7天后即开始由此处卵壳下蛀入枝条，由小枝逐步蛀入大枝。

【防治方法】

（1）人工捕捉成虫　在成虫羽化期产卵（5～6月）的晴天，中午捕杀栖息于树冠外围的成虫，或在黄昏前后捕杀在树干基部产卵的成虫。

（2）加强栽培管理　保持树干光滑。在成虫羽化产卵前用石灰浆涂白树干，也可采用基部包扎塑料薄膜的方法来防止天牛产卵。同时结合根颈培土，减少成虫潜入和产卵的机会。

（3）刮除虫卵及低龄幼虫　在6～8月份，初孵幼虫在主干树皮层危害时，可见到新鲜木屑样的虫粪向外排出，从中发现有白色虫卵或虫粪，可用利刀刮杀虫卵。

（4）钩杀幼虫或药物毒杀幼虫　在春秋季发现树干基部有新鲜虫粪时，及时用铁丝将虫道内的虫粪清除后进行钩杀，然后用棉球或碎布条蘸80%敌敌畏乳油5～10倍液塞入虫孔内，并用湿泥土封堵洞口，以毒杀幼虫。

二、病害防治

（一）柑橘黄龙病

【发病症状】　发病初期，在树冠上有几枝或少部分新梢的叶片褪绿，呈现明显的"黄梢"，随之病梢的下段枝条和树冠其他部位的枝条相继发病。该病全年均可发生，春、夏、秋梢和果实均可表现症状。在田间，黄龙病黄化叶片可分为3种类型：

（1）均匀黄化　初期病树和夏、秋梢发病的树上多出现，叶片呈现均匀的黄色（图7-34）。

图 7-34　柑橘黄龙病均匀
黄化病梢（欧善生提供）

　　（2）斑驳型黄化　叶片呈现黄绿相间的不均匀斑块状，斑块的形状和大小不一。从叶脉附近，特别易从中脉基部和侧脉顶端附近开始黄化，逐渐扩大形成黄绿相间的斑驳，最后全叶呈黄绿色黄化（图 7-35）。这种叶片在春、夏、秋梢病枝，以及初期和中、晚期病树上都较易找到。

图 7-35　柑橘斑驳型
黄化叶片（沙糖橘）

　　斑驳型黄化叶在各种梢期和早、中、晚期病树上均可见到，症状明显，故常作为田间诊断黄龙病树的依据。

　　（3）缺素黄化　又称花叶（图 7-36）。此类叶片叶脉及叶脉附近叶肉呈绿色，而脉间叶肉呈黄色，与缺乏微量元素锌、锰病状相似。这种叶片出现在中、晚期病树上。

　　除叶片黄化症状外，还有"红鼻子果"症状（图 7-37 至图7-39），即在病果果蒂附近普遍高肩并呈橙红色，其余部位暗绿色，

果实纵径拉长，病果普遍偏小。由于"红鼻子果"易在田间区别于健康果，通常被作为诊断病树的标准之一。

图7-36 柑橘黄龙病缺素型黄化叶片（金柑）

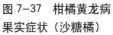

图7-37 柑橘黄龙病果实症状（沙糖橘）

图7-38 柑橘黄龙病果实症状（春甜橘）

图 7-39　柑橘黄龙病
果实症状（金柑）

【**发病规律**】　黄龙病可通过柑橘木虱传播或嫁接传播，带病苗木和接穗的调运是远距离传播的主要途径。田间菌源的普遍存在和柑橘木虱的高密度发生是此病流行的必要条件。黄龙病的发生流行在一定程度上还受到树龄、与老病园的距离、立地条件、果园的栽培管理水平以及柑橘品种抗病性的影响。本书提到的栽培品种中，在正常管理条件下，金柑、脆皮金橘较耐病，沙糖橘、春甜橘、明柳甜橘、茂谷柑、W·默科特等品种容易感病。

【**防治方法**】

（1）严格实行检疫制度　禁止病区的接穗和苗木流入新区和无病区，新区一律用无病苗木和接穗。

（2）建立无病苗圃，培育无病苗木　无病苗圃最好选在没有柑橘木虱发生的非病区。如在病区建圃，必须要有隔离条件，如在网室内建立。在建立苗圃之前，应先铲除附近零星的柑橘类植物或九里香等柑橘木虱的寄主。

（3）严格监控和防治柑橘木虱　参见柑橘木虱的防治。

（4）挖除病株　黄龙病以秋梢老熟后的 9～11 月份最易鉴别，田间鉴别最好在采果前进行果园逐株普查，以斑驳型黄化叶片和"红鼻子果"为诊断病树的主要依据，一旦发现病株立即挖除。但砍树前应先喷药将柑橘木虱杀死，以免砍树振动和病树运输时将木虱驱散到其他健康树和果园，造成人为扩散黄龙病。

（5）加强管理　保持树势健壮，提高抗病力，通过抹芽控梢，促梢抽发整齐，每次梢抽发期要及时喷药保护。果园四周栽种防护林带，对木虱的迁飞也有阻碍作用。

（6）联防联治　在集中连片种植的果园或村屯，每年秋季统一普查1次黄龙病发病情况，每次喷杀木虱、砍病树时统一行动，做到统一时间，统一喷药，统一消除病源，控制传病昆虫。只有如此，才能有效控制柑橘黄龙病的发生与传播。

（二）柑橘炭疽病

柑橘炭疽病是一种真菌性病害，可危害柑橘地上部的各个部位及苗木。在高温多雨的夏初和暴雨后发病特别严重，植株夏、秋梢上发生较多。

【发病症状】

（1）枝干症状　常在易受冻的枝梢上发生，使枝条自上而下枯死，枯死部分呈灰白色，上有黑色小点，病健部交界明显（图7-40，图7-41）。

图7-40　沙糖橘急性炭疽病（全金成提供）

图 7-41　金柑夏梢炭疽病

（2）叶片症状　分为急性型和慢性型 2 种。急性型（图 7-42）来势凶猛，扩散迅速，多在叶尖处开始发生，病斑暗绿色至黄褐色，似热水烫伤，整个病斑呈"V"形，湿度大时有许多红色小点，病叶常很快大量脱落。慢性型（图 7-43）常发生在叶片边缘或近边缘处，病斑中央灰白色，边缘褐色至深褐色，湿度大时可见红色小点，干燥时则为黑色小点，排列成同心轮状或呈散生状态，病叶落叶较慢。

图 7-42　柑橘炭疽病急性型病叶（沙糖橘）

图 7-43　柑橘炭疽病病叶（春甜橘）

（3）果实症状　幼果初期症状为暗绿色不规则病斑，以后扩大至全果，湿度大时常有红色小点（图 7-44），最后变成黑色僵果但不掉落。大果症状有干疤型、泪痕型和软腐型：干疤型在果腰部较多，呈近圆形黄褐色病斑，病变组织不侵入果皮；泪痕型是在果皮表面有一条条如眼泪一样的病斑；软腐型是在采收贮藏期间发生，一般从果蒂部开始，初期为淡褐色，以后变为暗褐色而腐烂。

图 7-44　沙糖橘果实炭疽病危害状（全金成提供）

（4）苗木症状　常在嫁接口附近发病，呈烫伤症状，严重时可使整个嫩梢枯死。

【发病规律】　炭疽病在整个柑橘生长季节均可发生，一般春梢期发生较少，夏、秋梢期发生较多。病菌以菌丝体和分生孢子在病组织中越冬。分生孢子借风雨和昆虫传播，在适宜的环境条件下萌发产生芽管，经气孔、伤口或直接穿透表皮侵入寄主组织。炭疽病菌是一种弱寄生菌，健康组织一般不会发病。但当发生严重冻害时，或由于耕作、移栽、长期积水、施肥过多等造成根系损伤，或早春低温潮湿、夏秋季高温多雨、肥力不足、干旱、虫害严重、农药药害等造成树体衰弱，或由于偏施氮肥后大量抽发新梢和徒长枝，均能助长病害发生。

【防治方法】

（1）加强栽培管理　加强肥水管理，增施农家肥和适当的钾肥，防止果园偏施氮肥，做好果园排水，避免积水，使树势健壮。冬季做好清园工作，剪除病枝梢、病果，清除地面的落叶、落果，集中烧毁。

（2）药剂防治　保护新梢，在春、夏、秋梢期各喷药1次；保护幼果则在落花后1个半月内进行，每隔10天左右喷1次，连续喷2～3次。药剂可选用80%代森锰锌可湿性粉剂500～800倍液、50%退菌特可湿性粉剂500～700倍液、50%代森锰锌800～1000倍液、30%王铜（氧氯化铜）悬浮剂700倍液、25%咪鲜胺800～1000倍液。

（三）柑橘疮痂病

【发病症状】　主要危害新梢、叶片、幼果等，受害叶初期出现水渍状圆形病斑，以后逐渐扩大变成黄褐色，并逐渐木栓化，多数病斑似圆锥状向叶背面突出，但不穿透叶两面，叶面呈凹陷状，病斑多时呈扭曲畸形，严重时引起落叶。受害幼果的果皮上产生褐色斑点，逐渐扩大并转为黄褐色、圆锥状、木栓化瘤状突起（图7-45）。严重时病斑密布，果小、畸形，易脱落，俗称"癞痢头"。天气潮湿时，在疮痂的表面长出灰色粉状物。春季空气湿度大是发病严重的主要原因，春梢及幼果发病最为严重。

【发病规律】　病原菌主要以菌丝体在患病组织内越冬，也可以分生孢子在新芽的鳞片上越冬。翌年春季，当阴雨多湿、气温回升到 15℃以上时，越冬菌丝产生分生孢子，借风雨、露水或昆虫传播到柑橘幼嫩组织上，萌发后侵入。侵入后 3 ~ 10 天发病，新病斑上又产生分生孢子进行再次侵染。适温和高湿是疮痂病流行的重要条件。发病温度范围为 15 ~ 30℃，最适为 20 ~ 28℃。此外疮痂病的发生流行程度与栽培品种、寄主组织的老熟程度、

树龄和栽培管理等有密切关系。在设施栽培中管理水平较高，因此，采用设施栽培的果园一般发病较少。

图 7-45　柑橘疮痂病果实危害状

【防治方法】

①种植无病苗木。

②冬季清园。剪除病虫枝、病叶、病果，清除地表枯枝、落叶并集中烧毁，再喷 0.5 波美度石硫合剂，以减少病源。同时加强肥水管理，改善树冠内部通风透光条件，增强树势。

③药剂防治。保护的重点是春梢嫩叶和幼果，即在春芽萌动至芽长 2 毫米时喷第一次药，以保护春梢；在花落 2/3 时喷第二次药，以保护幼果。药剂可选用 75% 百菌清可湿性粉剂 500 ~ 800 倍液、50% 退菌特可湿性粉剂 500 ~ 600 倍液、50% 硫菌灵可湿性粉剂 500 ~ 600 倍液、70% 甲基硫菌灵可湿性粉剂 1 000 ~ 1 200 倍液、50% 多菌灵可湿性粉剂 800 ~ 1 000 倍液、70% 氢氧化铜（可杀得）可湿性粉剂 600 倍液等。

（四）柑橘煤烟病

【**发病症状**】　主要发生在叶片、枝梢或果实表面，初出现暗褐色点状小霉斑，后继续扩大成绒毛状的黑色霉层，似黏附着一层煤烟，后期霉层上散生许多黑色小点或刚毛状突起物（图 7-46，图 7-47）。

图 7-46　柑橘煤烟病严重危害金柑叶片状

图 7-47　柑橘煤烟病严重危害春甜橘状

【**发病规律**】　病菌以菌丝体、子囊壳和分生孢子器等在病部越冬。翌年孢子借风雨传播。此病多发生于春、夏、秋季，以 5～6 月份为发病高峰。蚜虫、介壳虫及粉虱等害虫发生严重的柑橘园，煤烟病发生也重。种植过密、通风不良或管理粗放的果园发生重。

【防治方法】

①适当稀植、适当修剪，使果园通风透光良好，减轻发病。

②喷药防治蚜虫、介壳虫及粉虱等害虫，是防治该病的关键。

③在发病初期和冬季清园时可喷 99% 绿颖机油乳剂 200 倍液防治，间隔 1 周连续喷 2 次效果较好。

（五）柑橘流胶病

【发病症状】　近年来在金柑上发病较多。主要发生在主干上，其次为主枝，小枝上也会发生。病斑不定型，病部皮层变褐色，水渍状，并开裂和流胶（图 7-48，图 7-49）。病树果实小，提前转黄，味酸。以高温多雨的季节发病重。

图 7-48　柑橘流胶病

图 7-49　柑橘流胶病
（病部剥皮）

【发病规律】　在枯枝上越冬的分生孢子器是翌年初次侵染的主要来源。春季环境适宜，特别是多雨潮湿时，枯枝上的越冬病菌开始大量繁殖，借风、雨、露水和昆虫等传播。6～10月发生较多。本病原菌是一种弱寄生菌，生长衰弱或受伤的柑橘树容易被侵入危害。因此，柑橘树遭受冻害造成的冻伤和其他伤口，是本病发生流行的首要条件。如上一年低温使树干冻伤，往往翌年温湿度适合时病害就可能大量发生，此外，多雨季节也常常造成此病大发生。不良的栽培管理，特别是肥料不足或施用不及时，偏施氮肥，土壤保水性或排水性差，各种病虫危害等造成树势衰弱，都容易引致此病的发生。

【防治方法】

①注意开沟排水，改善果园生态条件，夏季进行地面覆盖，冬夏进行树干刷白，加强蛀干害虫的防治。

②在病部采取浅刮深刻的方法，即将病部的粗皮刮去，再纵切裂口数条，深达木质部，然后涂以50%多菌灵可湿性粉剂100～200倍液，或25%甲霜灵（瑞毒霉）可湿性粉剂400倍液。

（六）柑橘线虫病

分柑橘根结线虫病和柑橘根线虫病。

【发病症状】　发病根的根皮轻微肿胀（图7-50），根皮表层皮易剥离，须根结成饼团状；地上部分表现抽梢少、叶片小、叶缘卷曲、黄化、无光泽、开花多而挂果少、产量低；发病重

图7-50　沙糖橘根结线虫病病根症状（全金成提供）

时枝枯叶落，严重的会引起根系皮层变黑腐烂（图 7-51），整株枯死。

图 7-51　柑橘线虫导致根系变黑腐烂（唐仙寿提供）

【发病规律】

（1）柑橘根结线虫病　病原以卵和雌虫过冬，由病苗、病根和带有病原线虫的土壤、水流以及被污染的农具传播。当温度在 20 ~ 30℃，线虫孵化、发育及活动最盛。卵在卵囊内发育成为 1 龄幼虫。1 龄幼虫孵化后仍藏于卵内，经 1 次蜕皮后破卵而出，成为 2 龄侵染虫，活动于土中，等待机会侵染柑橘树的嫩根。2 龄幼虫侵入根部后，在根皮和中柱之间危害，并刺激根组织过度生长，形成不规则的根瘤。幼虫在根瘤内生长发育，再经 3 次蜕皮，发育为成虫。雌、雄虫成熟后交尾产卵，卵聚集在雌虫后端的胶质囊中，卵囊的一端露在根瘤外。此线虫 1 年可发生多代，能进行多次重复侵染。

（2）柑橘根线虫病　卵在卵壳内孵化发育成 1 龄幼虫，蜕皮后破壳而出，即 2 龄侵染幼虫。雄幼虫再蜕皮 3 次变为成虫。雌虫直至穿刺根之前，都保持细长形，一旦以颈部穿刺根内，固定危害后，露在根外的体躯迅速膨大，生殖器发育成熟，并开始产卵。幼虫在须根中的寄生量以夏季最少，冬春最多，而雌成虫对须根的寄生量，周年基本均匀。土壤温度对该线虫的活动和发生有影响，25 ~ 31℃为侵染的最适温度，在 15℃和 35℃有轻微侵染，温度低于 15℃，线虫不活动，但不死亡。根线虫在土中的分布，以深 10 ~ 30 厘米的土层为多。土壤结构影响该线虫的生殖率，含有 50% 黏土的土壤，生殖率很低，含有 10% ～ 15% 黏土的土壤，线虫生殖率最高。土壤 pH 值在 6.0 ～ 7.7 之间，有利于该虫繁殖。

【防治方法】

（1）严格检疫　购买苗木应加强检疫，严禁在受柑橘线虫病危害的病区购买有可能感染了线虫的苗木。对无病区应加强保护，严防病区的土壤、肥、水和耕作工具等易带线虫物传带至非病区。

（2）选育抗病砧木　选育能抗柑橘线虫病的砧木，是目前解决在病区发展种植柑橘较有效的办法。根据当地栽培条件，通过对多种适宜的砧木进行比较试验，培育和筛选出抗柑橘线虫病强的砧木。

（3）剪除受害根群　在冬季结合松土晒根，在病株树盘下深挖根系附近土壤，将被根结线虫病危害的有根瘤、根结的须根团剪除，保留无根瘤、根结的健壮根和水平根及较粗大的根，同时撒施石灰后进行翻土。

（4）加强肥水管理　对病树采用增施有机肥，并加强其他肥水管理措施，以增强树势，达到减轻危害程度的目的。

（5）药物防治　在挖土剪除病根时覆土均匀混施药剂。或在树冠滴水线下挖深 15 厘米、宽 30 厘米的环形沟，灌水后施药并覆土，药剂可选用淡紫拟青霉菌（活菌总数 10 亿活孢子）25 ～ 40 克／株。

（七）柑橘黑星病

【发病症状】柑橘黑星病又名柑橘黑斑病，柑橘枝梢、叶片（图 7-52）及果实均可被危害，以果实受害最严重。通常果实黑星病表现有 2 种类型：黑斑型（图 7-53）和黑星型（图 7-54），在金柑果实上主要表现为黑星型。

（1）黑斑型　果面上初生淡黄或橙色的斑点，后扩大成为圆

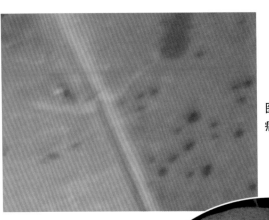

图 7-52 柑橘黑星
病叶（阳庭蜜提供）

图 7-53 柑橘黑星病果
（欧善生提供）

图 7-54 柑橘黑星病果（黑星型，
阳庭蜜提供）

形或不规则的黑色大病斑，直径 1～3 厘米，中部稍凹陷，散生许多黑色小粒点。严重时很多病斑相互联合，甚至扩大到整个果面。

（2）黑星型 在即将成熟的果面上初生红褐色小斑点，后扩大为圆形的红褐色病斑，直径 1～5 毫米。后期病斑边缘略隆起，呈红褐色至黑色，中部灰褐色，略凹陷。贮运期间继续发展，湿度大时可引起腐烂。叶片上的病斑与果实上的相似。

【发病规律】 病菌主要以子囊果和分生孢子器在病叶和病果上越冬。翌年春季散出子囊孢子和分生孢子，通过风雨和昆虫传播，在幼果和嫩叶上萌发产生芽管进行侵染。对果实的侵染主要发生在谢花期至落花后 1 个半月内，到果实近成熟时病菌迅速生长扩展，出现病斑，产生分生孢子，进行重复侵染。高温多湿、晴雨相间，或栽培管理不善、遭受冻害、果实采收过迟等造成树势衰弱以及机械损伤等均有利于发病。

【防治方法】

（1）加强管理 采用配方施肥技术，调节氮、磷、钾比例；低洼积水地注意排水；修剪时，去除过密枝叶，增强树体通透性，提高抗病力；清除初侵染源，秋末冬初结合修剪，剪除病枝、病叶，并清除地上落叶、落果集中销毁。同时喷洒 0.8～1 波美度石硫合剂，铲除初侵染源。

（2）药物防治 柑橘落花后开始喷洒 80% 乙蒜素 1500～2000 倍液，或 80% 代森锰锌可湿性粉剂 600 倍液，间隔 15 天喷 1 次，连喷 3～4 次。

（八）柑橘脚腐病

【发病症状】 本病主要危害主干，当病部环绕主干时，叶片黄化，枝条干枯，以至植株死亡。主要症状发生在根颈部皮层，向下危害根，引起主根、侧根乃至须根腐烂，向上发展达 20 厘米，使树干基部腐烂(图7-55)。幼树栽植过深时，从嫁接口处开始发病，病部呈不规则水渍状，黄褐色至黑色，有酒糟味，常流出褐色胶液。

被害部相对应的地上部叶小，主、侧脉深黄色易脱落，形成秃枝，干枯。病树花特多，果实早落，残留果实小，着色早、味酸。

图 7-55　柑橘脚腐病状

【**发病规律**】　该病病原以菌丝在病部越冬，也可以菌丝或卵孢子随病残体遗留在土壤中越冬。靠雨水传播，从植株根颈侵入。病害的发生与品种、气候、栽培管理关系密切。金柑发病较重。4 月中旬开始发病，6 ～ 8 月气温 20 ～ 30℃、空气相对湿度 85%以上时发病多，10 月份停止发病，幼年树很少发病，15 年以上的实生金柑发病多。在土壤黏重、排水不良、长期积水、土壤持水量过高时发病重，土壤干湿度变化大、栽植过密或间作高秆作物、橘园郁闭湿度大的发病较重，由冻害、虫害或农事操作引起伤口的易于被该病侵染。

【**防治方法**】

（1）利用抗病砧木　以枳壳最抗病，红橘、枸头橙、酸橘和香橙次之，用抗病砧木育苗时应当提高嫁接口的位置。定植时须浅栽，使抗病砧木的根颈部露出地面，以减少发病。

（2）合理计划密植　中后期要及时间伐，以利通风透光，降低湿度，减少接穗部发病。

（3）加强栽培管理　改良土壤，及时排水，防止积水，禁种高秆作物，降低果园湿度，重视天牛、吉丁虫的防治，以减少伤口；将种植过深的树主干基部的泥土扒开，让嫁接口全部露出地面；对发病较重的树，根据具体情况进行修剪，将病枝、弱枝、未成熟的枝条剪去，减少枝叶量，减少蒸腾量。

（4）靠接换砧　已定植的感病砧木植株于 3 ～ 5 月份在主干上靠接 3 ～ 4 株抗病砧木。轻病树和健康树可预防病害发生；重病树靠接粗大的砧木，使养分输送正常和起到增根的效果。

（5）药物防治　每年的 3 ～ 5 月份逐株检查，发现病树，先用刀刮去病部皮层，再纵刻病部深达木质部，间隔 0.5 厘米宽，并超过病斑 1 ～ 2 厘米，再用 25% 甲霜灵可湿性粉剂 400 ～ 600 倍液、65% 山多酚 400 ～ 600 倍液、2% ～ 3% 硫酸铜 200 倍液、70% 甲基硫菌灵 200 倍液可湿性粉剂、1：1：10 波尔多液等涂抹病部，15 ～ 20 天 1 次，连续 2 ～ 3 次。

（九）柑橘附生性绿球藻

【发病症状】　柑橘附生性绿球藻是藻类植物，附生于树冠下部老枝叶上，藻体在老叶上形成一层致密的绿色粉状物（图 7-56），严重时主干、大枝也全被附着，抑制光合作用，影响树势、产量和果实品质。

图 7-56　柑橘附生绿球藻危害沙糖橘叶片状

【**发生规律**】　柑橘附生绿球藻发生在湿度大、树冠郁闭的果园，一旦发生则逐渐加重，扩大蔓延，树势较差的园区，一株树的老叶部分及树冠中下部枝干都被附着。另外，管理粗放，偏施氮素，少施或不施有机肥，树势衰弱等因素，也给该病发生提供了条件。

【**防治方法**】

（1）加强果园管理　增施有机肥，实行氮磷钾及微肥的配合施肥，增强树势，低洼积水地注意排水，修剪时，去除过密枝叶，增强树体通透性，可减少危害。

（2）药剂防治　春季萌芽前用80%乙蒜素可湿性粉剂2 000倍液喷1次，1个月后再用乙蒜素水剂3 000倍液喷1次，效果很好，或在春梢萌芽前用45%代森铵1 000倍液做叶面喷雾，间隔15天再喷1次；在树干和大枝上可周年涂石灰水防治。

附　录

附录 1　桂林地区沙糖橘结果树避雨避寒栽培周年管理工作历

月 份	物候期	管理工作要点
1	花芽形态分化期	①预防低温霜冻、冰冻伤果；②分期采收果实；③采果后挖除黄龙病树；④冬季修剪
2	花芽形态分化期，春梢萌芽、生长	①分期采收果实；②施萌芽肥；③春季修剪；④防治蚜虫、木虱、花蕾蛆
3	花蕾期、春梢转绿期	①叶面追肥 1～2 次；②采收果实；③采果后挖除黄龙病树；④春季修剪；⑤防治红蜘蛛、木虱；⑥拆除薄膜
4	开花期、生理落果期	①叶面追肥 1 次；②谢花后喷施 1～2 次赤霉素 30～50 毫克／升保果；③防治红蜘蛛、疮痂病、黑星病；④施稳果肥；⑤中耕除草
5	生理落果、幼果膨大、夏梢萌芽生长期	①叶面追肥；②喷施 1 次赤霉素 30～50 毫克／升保果；③防治红蜘蛛、锈蜘蛛、炭疽病、介壳虫、粉虱等；④主干或主枝环割保果；⑤抹除夏梢；⑥开沟排水
6	夏梢转绿、果实膨大期	①叶面追肥 1 次；②施壮果肥；③防治红蜘蛛、锈蜘蛛、炭疽病、木虱、天牛、潜叶蛾、粉虱、煤烟病等；④树盘松土；⑤抹除夏梢
7	果实膨大、秋梢萌芽生长期	①叶面追肥 1 次；②施壮果攻梢肥；③防治红蜘蛛、锈蜘蛛、炭疽病、木虱、天牛、潜叶蛾、介壳虫等；④夏季深施肥；⑤上旬进行夏季修剪；⑥放秋梢
8	秋梢转绿、果实膨大期	①叶面追肥 1 次；②树盘覆盖、淋水抗旱；③防治红蜘蛛、锈蜘蛛、木虱、潜叶蛾等；④铲除树盘杂草；⑤上旬进行夏季修剪；⑥放秋梢
9	秋梢转绿、果实膨大期	①叶面追肥 1 次；②淋施水肥 1～2 次；③防治红蜘蛛、锈蜘蛛、木虱等；④普查黄龙病，砍伐黄龙病树
10	果实膨大期	①叶面追肥 1 次；②淋施水肥 1 次；③防治红蜘蛛、锈蜘蛛等；④砍伐黄龙病树
11	果实着色期	①叶面追肥 1～2 次；②淋施水肥 1 次；③防治红蜘蛛、果实蝇、吸果夜蛾等；④预防大风、霜冻；⑤旺树促花
12	果实成熟、花芽生理分化期	①预防低温霜冻、冰冻伤果；②树冠盖膜；③分期采果；④施采前肥；⑤冬季修剪

附录2　桂林地区金柑结果树避雨避寒栽培周年管理工作历

月份	物候期	管理工作要点
1	果实成熟期	①预防低温霜冻、冰冻伤果；②分期采收果实；③采果后挖除黄龙病树；④采完果的树进行冬季清园与修剪
2	果实成熟期	①分期采收果实；②冬季修剪；③施萌芽肥；④冬季清园
3	春梢萌芽期	①春季修剪；②全园翻土；③叶面追肥1次；④防治红蜘蛛
4	春梢生长、转绿期	①叶面追肥1次；②防治红蜘蛛、蚜虫、木虱等
5	春梢老熟、花蕾期	①叶面追肥1次，促进新梢转绿老熟；②防治红蜘蛛、蚜虫、粉虱、木虱等；③中耕除草
6	第一批花开花、生理落果；果实膨大期；夏梢萌芽、生长期	①盛花期喷施1次赤霉素和叶面肥，谢花后再喷1次；②施稳果肥，肥料以速效磷钾肥为主；③防治红蜘蛛、粉虱、木虱、潜叶蛾、炭疽病、黑星病等
7	第一批果膨大；第二、第三批花现蕾开花、生理落果、果实膨大期；夏梢转绿期	①第二、第三批花盛花期喷1次赤霉素和叶面肥；②施稳果壮果肥，肥料以速效磷钾肥为主；③防治红蜘蛛、锈蜘蛛、粉虱、潜叶蛾、木虱、炭疽病、黑星病等；④铲除树盘杂草、松土
8	第一至第三批果实膨大；第四批花开花、生理落果期；秋梢萌芽、生长	①喷1次叶面肥；②施壮果肥，肥料以速效磷钾肥为主；③防治木虱、红蜘蛛、潜叶蛾、黑星病等；④第四批花随采落花落果；⑤树盘盖草防旱
9	第一至第四批果实膨大；秋梢转绿期	①秋梢转绿期喷1次叶面肥促进新梢老熟、果实膨大；②施壮果肥，肥料以速效磷钾肥为主；③防治红蜘蛛、锈蜘蛛、木虱、黄龙病等
10	果实膨大期	①叶面追肥；②淋施水肥壮果，肥料以堆沤腐熟沼液、粪水、麸水为主；③防治红蜘蛛、锈蜘蛛、黄龙病等；④密切注意天气预报，如预报10月下旬有持续降雨，则要提前盖膜，预防裂果；⑤预防高温灼伤树冠顶部果实及枝梢
11	果实着色期	①盖膜前施肥；②树冠盖膜；③防治红蜘蛛、锈蜘蛛、果小实蝇、黄龙病等；④预防高温灼伤树冠顶部果实及枝梢
12	果实着色成熟期	①分期采果销售；②防霜冻；③防治红蜘蛛、果小实蝇、木虱、黄龙病等；④施采果肥

附录3　桂林地区春甜橘结果树周年管理工作历

月份	物候期	管理工作要点
1	花芽形态分化期	①预防低温霜冻、冰冻伤果；②冬季修剪
2	花芽形态分化期、春梢萌芽、生长期	①分期采收果实；②施萌芽肥；③春季修剪；④防治蚜虫、木虱、花蕾蛆等
3	花蕾期、春梢转绿期	①采收果实；②采果后挖除黄龙病树；③春季修剪；④防治红蜘蛛、木虱、花蕾蛆；⑤拆除棚架与薄膜
4	开花期、生理落果期	①叶面追肥1次；②谢花后喷施1～2次30～50毫克/升赤霉素保果；③防治红蜘蛛、疮痂病、黑星病；④施稳果肥；⑤中耕除草
5	生理落果、幼果膨大、夏梢萌芽生长期	①叶面追肥；②喷施1次30～50毫克/升赤霉素保果；③防治红蜘蛛、锈蜘蛛、潜叶蛾、介壳虫、粉虱、炭疽病等；④环割保果；⑤抹除夏梢；⑥开沟排水
6	夏梢转绿、果实膨大期	①叶面追肥1次；②施壮果肥；③防治红蜘蛛、锈蜘蛛、炭疽病、木虱、天牛、潜叶蛾、粉虱、煤烟病等；④树盘松土；⑤抹除夏梢
7	果实膨大、秋梢萌芽生长期	①叶面追肥1次；②施壮果攻梢肥；③防治红蜘蛛、锈蜘蛛、炭疽病、木虱、天牛、潜叶蛾、介壳虫等；④夏季深施肥；⑤上旬进行夏季修剪；⑥放秋梢
8	秋梢转绿、果实膨大期	①叶面追肥1次；②树盘覆盖、淋水抗旱；③防治红蜘蛛、锈蜘蛛、木虱、潜叶蛾等；④铲除树盘杂草
9	秋梢转绿、果实膨大期	①叶面追肥1次；②淋施水肥1～2次；③防治红蜘蛛、锈蜘蛛、木虱等；④普查黄龙病，砍伐黄龙病树
10	果实膨大期	①叶面追肥1次；②淋施水肥1次；③防治红蜘蛛、锈蜘蛛等；④砍伐黄龙病树
11	果实着色期	①叶面追肥1～2次；②淋施水肥1次；③防治红蜘蛛、果实蝇、吸果夜蛾等；④预防大风、霜冻；⑤旺树促花
12	果实成熟、花芽生理分化期	①预防低温霜冻、冰冻伤果；②树冠盖膜；③施采前肥；④冬季修剪

附录 4　禁止使用的农药

种　类	农药名称	禁用原因
有机氯类杀虫（螨）剂	六六六、滴滴涕、林丹、硫丹、三氯杀螨醇	高残毒
有机磷杀虫剂	久效磷、对硫磷、甲基对硫磷、治螟磷、地虫硫磷、蝇毒磷、丙线磷（益收宝）、苯线磷、甲基硫环磷、甲拌磷、乙拌磷、甲胺磷、甲基异柳磷、氧乐果、磷胺	剧毒、高毒
氨基甲酸酯类杀虫剂	涕灭威（铁灭克）、克百威（呋喃丹）	高毒
有机氮杀虫剂杀螨剂	杀虫脒	慢性毒性、致癌
有机锡杀螨剂杀菌剂	三环锡、薯瘟锡、毒菌锡等	致畸
有机砷杀菌剂	福美砷、福美甲砷等	高残毒
杂环类杀菌剂	敌枯双	致畸
有机氮杀菌剂	双胍辛胺（培福朗）	毒性高，有慢性毒性
有机汞杀菌剂	富力散、西力生	高残毒
有机氟杀虫剂	氟乙酰胺、氟硅酸钠	剧毒
熏蒸剂	二溴乙烷、二溴氯丙烷	致癌、致畸、致突变
二苯醚类除草剂	除草醚、草枯醚	慢性毒性

参 考 文 献

[1] 何天富. 柑橘学 [M]. 北京：中国农业出版社 [M]，1999.

[2] 王国平，窦连登. 果树病虫害诊断与防治原色图谱 [M]. 北京：金盾出版社，2007.

[3] 周开隆，叶荫民. 中国果树志柑橘卷 [M]. 北京：中国林业出版社，2010.

[4] 中国柑橘学会. 中国柑橘品种 [M]. 北京：中国农业出版社，2008.

[5] 陈腾土，李嘉球，麦适秋，等. 沙田柚高产栽培技术 [M]. 南宁：广西科技出版社，1997.

[6] 刘和平，张芳文. 沙糖橘优质高产 100 问 [M]. 广州：广东科技出版社，2003.

[7] 刘和平，张芳文. 无核沙糖橘早结丰产栽培 [M]. 广州：广东科技出版社，2006.

[8] 黄桂香，何静. 金柑优质高效栽培 [M]. 北京：金盾出版社，2008.

[9] 陈德严，梁金旺，甘廉生，等. 春甜橘优质丰产栽培 [M]. 广州：广东科技出版社，2006.

[10] 蔡明段，彭成绩. 柑橘病虫害原色图谱 [M]. 广州：广东科技出版社，2008.

[11] 陈国庆. 柑橘病虫害诊断与防治原色图谱 [M]. 北京：金盾出版社，2011.

[12] 夏声广，唐启义. 柑橘病虫害防治原色生态图谱 [M]. 北京：

中国农业出版社，2006.

[13]叶自行，析桂兵，许建楷.无籽沙糖橘高效栽培新技术 [M].北京：中国农业出版社，2009.

[14]卢运胜，周启明，邱柱石，等.柑橘病虫害 [M].南宁：广西科学技术出版社，1991.

[15]甘海峰，梅正敏，傅翠娜，等.柑橘无公害高产栽培技术 [M].北京：化学工业出版社，2012.

[16]罗永兰，张志元.柑橘附生性绿球藻的发生及防治 [J].中国柑橘，1991，20（3）：43.

[17]俞君.柑橘线虫病的危害及防治对策 [J].技术与市场，2012，19（7）：245，247.

[18]尹颖.柑橘脚腐病的调查与防治 [J].中国南方果树，2011，40（6）：66-67.

[19]邱柱石，邓广宙，麦适秋.阳朔金柑上的一种新害虫—柑橘地粉蚧的初步考察 [J].广西园艺，2007，18（6）：24-26.

[20]高超跃，范新单，廖祥林，等.不同药剂防治柑橘黑星病的药效试验 [J].中国南方果树，2004，33（2）：21.

[21]郭瑛，杨孝泉，卢坚，等.柑橘地粉蚧种群发生动态与防治试验 [J].华东昆虫学报，1994，3（2）：56-60.